海绵城市建设研究与实践丛书

北京城市副中心 海绵城市建设实践

潘兴瑶　于磊　卢亚静　张书函　等　著

中国水利水电出版社

www.waterpub.com.cn

·北京·

内 容 提 要

本书是《海绵城市建设研究与实践丛书》之一，主要介绍了北京市城市副中心海绵城市的建设成果，主要内容包括：不忘初心，海绵城市助力副中心发展；科学谋划，绘好海绵建设的蓝图；因地制宜，建设特色鲜明的海绵试点；效果初显，打造城市高质量发展样板；凝心聚力，探索海绵城市副中心模式；持续推动，坚定不移一张蓝图干到底。

本书内容详实，图文并茂，可为广大海绵城市建设从业人员提供有益参考。

图书在版编目（CIP）数据

北京城市副中心海绵城市建设实践 / 潘兴瑶等著
. -- 北京 ： 中国水利水电出版社，2020.12
（海绵城市建设研究与实践丛书）
ISBN 978-7-5170-9282-7

Ⅰ. ①北… Ⅱ. ①潘… Ⅲ. ①城市建设－研究－北京
Ⅳ. ①TU984.21

中国版本图书馆CIP数据核字(2020)第261255号

书　　名	海绵城市建设研究与实践丛书 **北京城市副中心海绵城市建设实践** BEIJING CHENGSHI FUZHONGXIN HAIMIAN CHENGSHI JIANSHE SHIJIAN
作　　者	潘兴瑶　于　磊　卢亚静　张书函　等著
出版发行	中国水利水电出版社 （北京市海淀区玉渊潭南路1号D座　100038） 网址：www.waterpub.com.cn E-mail：sales@waterpub.com.cn 电话：(010) 68367658（营销中心）
经　　售	北京科水图书销售中心（零售） 电话：(010) 88383994、63202643、68545874 全国各地新华书店和相关出版物销售网点
排　　版	中国水利水电出版社微机排版中心
印　　刷	清淞永业（天津）印刷有限公司
规　　格	184mm×260mm　16开本　8.5印张　176千字
版　　次	2020年12月第1版　2020年12月第1次印刷
印　　数	0001—1200册
定　　价	**65.00元**

凡购买我社图书，如有缺页、倒页、脱页的，本社营销中心负责调换

《海绵城市建设研究与实践丛书》
编 委 会

序

海绵城市作为一种新的城市发展理念，是因中国城市发展面临的水问题而来，并随着城市发展以及人的认识深入而不断完善。2015—2019 年，在经历了四年，两个批次，30 个试点城市的探索实践之后，海绵城市的理念被更多人所认同，围绕海绵城市的一些争议不断消除，大家的共识不断凝聚，海绵城市相关的成果不断涌现，这是十分可喜的。

在"海绵城市"理念正式提出之前，北京在城市雨洪管理领域已开展了长达二十余年的研究与实践工作，建设了中国第一批城市雨洪控制与利用工程，形成了特色鲜明的城市雨洪管控技术和政策、标准体系，为全面实施海绵城市建设奠定了坚实的基础。2016 年北京入选国家海绵城市建设试点，试点区和市区全域的海绵城市建设工作同步推进、同步探索，在组织机制、规划设计、标准规范、科研及产业等方面均取得了长足进步，成立了海绵城市专职行政管理部门——海绵城市工作处（雨水管理处），构建了切实可行的管理与管控机制和成熟完善的标准规范体系，建设了一大批具有代表性的海绵工程，培养了一大批海绵城市建设的人才队伍，形成了海绵城市建设的北京样板。

《海绵城市建设研究与实践丛书》编著研究团队长期从事城市雨洪研究工作，在雨洪管理、海绵城市建设方面具有丰富的理论及实践经验。丛书分为六个分册，涵盖了海绵城市试点建设实践、海绵城市水文响应机理研究、海绵城市水循环过程综合模拟、合流制溢流污染模拟分析、城市流域洪涝模拟与灾害防控等方面，总结了北京海绵城市建设多年的经验，并纳入了"十三五"水专项"北京市海绵城市建设关键技术与管理机制研究和示范"课题（2017ZX07103-002）的最新研究成果，是一部兼具理论与实践的佳作，值得海绵城市相关从业者学习借鉴，欣然为序。

前言

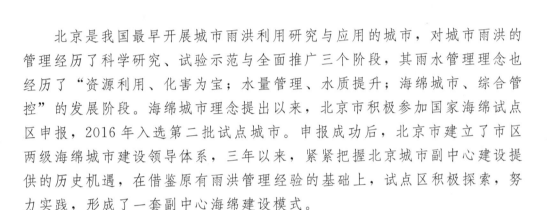

　　北京是我国最早开展城市雨洪利用研究与应用的城市，对城市雨洪的管理经历了科学研究、试验示范与全面推广三个阶段，其雨水管理理念也经历了"资源利用、化害为宝；水量管理、水质提升；海绵城市、综合管控"的发展阶段。海绵城市理念提出以来，北京市积极参加国家海绵试点区申报，2016年入选第二批试点城市。申报成功后，北京市建立了市区两级海绵城市建设领导体系，三年以来，紧紧把握北京城市副中心建设提供的历史机遇，在借鉴原有雨洪管理经验的基础上，试点区积极探索，努力实践，形成了一套副中心海绵建设模式。

　　为系统总结建设成果与经验教训，本书作者历时一年多时间，参阅了北京市及通州区（副中心）的大量规划资料，囊括了试点区建设的大部分成果，包括试点区海绵城市系统化方案、海绵城市试点建设项目设计方案等相关材料，同时又根据北京市海绵城市建设进展进行了补充更新。本书编写过程中得到了多方的支持和帮助。在此谨向北京市水务局、北京市规划和自然资源委员会、通州区水务局、通州区海绵办、北京市工程咨询有限公司、北京北控建工两河水环境治理有限责任公司表示感谢，尤其感谢试点区技术支撑团队北京建筑大学、北京新城绿源科技发展有限公司两个兄弟单位的贡献。

　　本书难免存在疏漏和不足，请读者提出宝贵意见。愿本书能够为广大海绵城市建设从业者提供有益参考。

作者

2021年1月

目录

第 1 章

不忘初心，海绵城市助力副中心发展

1.1 源远流长的命脉之水

1.1.1 畿辅襟喉，九河下梢

通州位于北京市辖域东南部，北纬 $39°36'\sim40°02'$，东经 $116°32'\sim116°56'$，东西宽 36.5km，南北长 48km，面积 906km²。通州区西临朝阳区、大兴区，北与顺义区接壤，东隔潮白河与河北省三河市、大厂、香河县连接，南和天津武清区、河北廊坊市交界。紧邻北京中央商务区（CBD），西距国贸中心 13km，北距首都机场 16km，东距塘沽港 100km，素有"一京二卫三通州"之称，是京津冀协同发展的桥头堡。同时，通州与河北省历史渊源深厚，在 1958 年之前，现通州区隶属于河北省。自从 1958 年 4 月，通州市、县同时划归北京，县市合并改名通州区。

在历史上，"通州乃九重肘腋之上流，六国咽喉之雄镇"，是京杭大运河北端的运河文化名城，是京东交通要道，漕运、仓储重地。向来以漕运码头的城市形象闻名于世，历史上长期进行大规模的运河开凿与疏浚，因而在通州古城周围留下了大量纵横交错的漕运河道，堪称世界运河密集之最。万国朝拜、四方贡献、商贾行旅、水陆进京必经此地，同时也促进了通州经济的繁荣和兴旺。

通州具有得天独厚的水利资源，历史上曾遍布大量的河流与湖泊。通州境内地势低洼，多河富水，境内河流纵横交错，水流相互贯通，通州区区域内河流承接上游昌平、顺义、中心城及大兴等地排水，经北运河干流、运潮减河、港沟河等支沟出境，有"九河下梢"之称。通州区区域内大小河流共约 330 条，总长度约 1200km，河网密度 1.2km/km²，是北京市水系最丰富、河网最密集地区。多数河流为西北、东南走向。潮白河、北运河两大水系纵贯南北，凉水河、凤港减河横贯东西。

通州地属永定河、潮白河冲积平原，土质以黄土、两合土、砂性土为主，土壤肥沃，有机物含量较高，在华北平原上属于中上等。通州区全境地表覆盖着深厚的第三纪与第四纪松散沉积物，构成现代冲积扇形平原和冲积低平原。土壤质地受地貌、地形和气候、水文、地质条件影响，形成多种土壤。成土母质有洪冲积物、冲积物和风积物三种类型。境内土壤可以分为褐土、潮土、风沙土、沼泽土 4 种土类，细分为 9 个亚类 16 个土属和 64 个土种。

通州区地势自西北向东南倾斜，坡降 0.3‰～0.6‰，局部地区略有起伏。境域北部，由张家湾东北经通州镇至宋庄一线西北部地区，地面高程均在 20m 以上，地形较为复杂，现仍有明显的陡坎、冲沟，呈缓坡状态遗迹和沙丘等阶地地貌特征，其中：东部北运河与潮白河之间的地区，由于近代河流泛滥堆积作用，其地势表现为近河床高、远河床低的态势，形成顺河床延伸的条形洼地；西部与南部为永定河作用地域，地势呈现由东北至西南向上的波状起伏之势。通州区河流水系及流域关系图如图 1-1 所示。通州区高程图如图 1-2 所示。

图 1-1 彩图

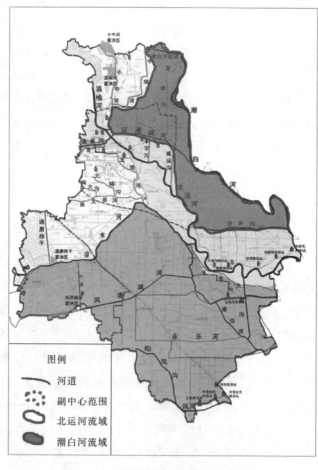

图 1-1 通州区河流水系及流域关系图

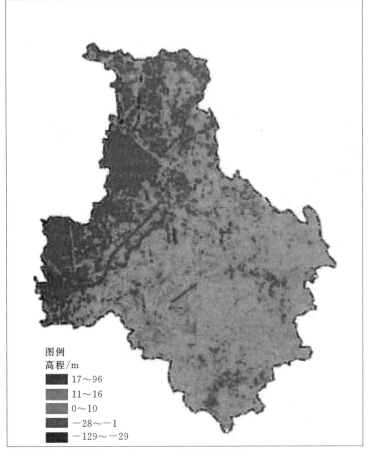

图例
高程/m
■ 17～96
■ 11～16
□ 0～10
■ −28～−1
■ −129～−29

图1-2 通州区高程图

1.1.2 避水建城，始于汉代

在行政建制方面，汉高祖十二年（公元前195年），渔阳郡设置了路县，但路县仅是作为中原政权边陲重镇幽州的辅县。根据考古挖掘，这一时期该区域的聚落规模较小，目前仅出土一处大型聚落，即汉代路县古城遗址（图1-3）。该遗址显示，古城约35hm² 大小，墙基址长550m，城址平面近似方形，城墙墙基外侧11～13m处发现有护城河道遗存，河道走向与城墙基址走向基本平行，宽度30～50m。

路县古城选址位于潮白河、潞河以东，之所以选择此地，也是因为此处是潞河沿岸地势最高之处，受水患威胁较少。通州一地早期受河流冲击的影响，城市周围是一望无边的平原，无险可守，溏洼密布，这种自然环境对早期人类生存形成了一定的挑战，制约了通州的发展。这一时期城水对立，人择高地，避水而居。

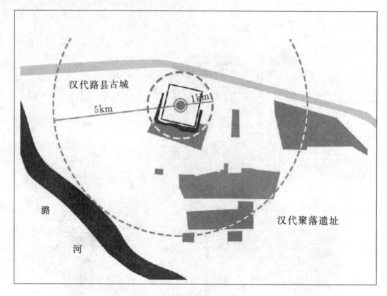

图 1-3　汉代路县古城遗址（来源：徐昕昕，林箐，2019）

　　考古发现的汉代其他墓葬遗址呈现环形散布在古城东南侧，同样体现出了这一时期城水分割的布局关系，人们对河流的治理能力尚不足以应对洪水的冲击，对河流运输功能的需求也较少。东汉起，路县改称潞县，但其发展与中原地区相比仍处于滞后状态。

1.1.3　以水兴城，城水相依

　　自隋朝起，人工运河的开凿为汉代以来通州一地的发展困局带来了新曙光。大业四年（608 年），隋炀帝下令开凿了位于河北地区的永济渠，利用沁水沟通南北，开通了中原北达蓟城（今北京）的运道。唐宋时期，虽然大运河促进了南北交流，但若疏浚不利，常有淤塞，通州仍属于幽州苦寒之地。

　　辽代时期，受到辽宋对峙的影响，大量的物资通过河道运输至南京（今北京）。张家湾作为通州水利系统的重要港口开始发挥其转运功能。随着金中都的建立，粮食、贸易与园林造景等需求使得统治者对中都的水利系统提出了更高的要求。由于中都闸河时而阻滞，运抵通州的漕粮会储存于丰备仓、通积仓和太仓这三座粮仓，促进了通州一地的商业与仓储业的发展，这一时期的通州城以太仓所在街道为核心的布局已经基本形成。"民有系命，馈饷是倚"是元朝时期大都与通州依赖关系的概括。各地漕运的船只直抵积水潭码头，运河沿线一时"千帆竞泊""舳舻蔽水"。漕运的发展促进了人口的繁盛与商品的交换，北运河直达通州更促进了运河沿线的经济繁荣。到了清朝雍乾年间，漕运更是发展到了鼎盛时期，通州的水陆枢纽作用更加突出，南来北往的船只首尾衔接十几里,当时就已有"小燕京"之称,城市和水相依相偎。不同时期通州城水关系如图1-4所示。

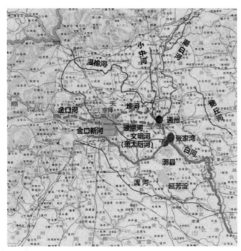

图1-4 彩图

　　　　　(a)元大都时期　　　　　　　　　　　(b)明清时期

图1-4　不同时期通州城水关系(来源:费明龙,2019)

1.1.4　人水相争,水城割裂

历史上通州的兴衰与河道的治理息息相关,水清河阔则城兴,水浊河淤则城衰。明清时期,通惠河因节约大量人力广受赞誉,而"莫谓盈盈衣带水,胜他多少辇挽辛"的漕运盛景。到了近代,尤其是20世纪80年代以后,随着城市化进程加快,人与水之间的关系开始由相依变成了相争,通惠河变成了水草横生、垃圾漂浮的城市死角;玉带河由原来的蜿蜒清澈的河道,变成了排放污水的盖板沟;北运河流域下游洪涝频发,人水矛盾严重破坏了城水关系,给城市安全带来了巨大隐患。

1.人水争地,防洪频发

如前文所述,通州处于九河下梢,地势低洼,因此历史上常有洪涝发生。据《通县水利志》记载,通州从1883—1949年共66年的时间里,共发生较大水灾13次,约每隔5年就有1次水灾,洪水间隔时间年限最少为1年,最多为9年。

1949年以来至今,通州区共发生11次较大的洪涝灾害。随着城市发展,尤其近20年来,建成区面积快速扩大,流域地表径流系数增大,导致产流增加、汇流加快,加大了温榆河、北运河干流的防洪压力。温榆河干流现状蔺沟口至北关拦河闸段不同频率洪峰流量比原设计增加25%~48%。城市化发展使原来的农田排涝沟渠变成城市排水河道,而部分河道经过多年运用淤积严重,闸坝年久失修,行洪能力不能保障防洪排涝要求。流域上游防洪排涝体系尚不完善，境内规划宋庄、凤港减河、凉水河等蓄滞洪区均未按规划实施，加重了通州区的防洪排涝压力。

2012 年 7 月 21 日，受东移南下的冷空气和西南气流的共同影响，全市普降暴雨，造成了较大的洪涝灾害。通州区平均降雨量 175mm，降雨最大点发生在榆林庄，降雨量达 207mm。本次降雨造成通州区受灾村庄 70 余个，农作物受灾面积 3.82 万亩，受灾人口 1.05 万人，转移人口 1200 人，死亡 3 人，倒塌房屋 26 间，直接经济损失约 5 亿元，其中水利设施直接经济损失 1.60 亿元。北运河北关拦河闸闸上（通县站）"7·21"洪水为新中国成立以来第二大洪水；凉水河张家湾站、通惠河乐家花园站实测洪峰流量均为建站以来历史观测最大洪水。本次"7·21"暴雨洪水温榆河、北运河河道基本没有漫溢、堤防毁损等情况，北运河发生洪水上滩和滩地村庄进水等灾情。凉水河干流受北运河顶托影响以及萧太后河入河口处机场铁路桥的卡口影响，河道水位较高，但未漫溢；支流萧太后河张家湾闸上游左岸堤防发生决口，决口宽度长约 80m；玉带河由于承泄通州新城部分涝水，且河道多年未治理，并受下游河水顶托影响，皇木厂—萧太后河入河口段约 1.4km 河道发生了漫溢；张采路以东，萧太后河入河口、凉水河三角交叉张家湾镇村地势低洼处，属于待机排涝区，由于缺少泵站，积水无法及时排出，受淹严重，共有 400 多户受淹，平均淹没水深 0.5m 以上。2012 年"7·21"洪水情况如图 1-5 所示。

2012 年"7·21"北运河榆林庄闸洪水

2012 年"7·21"张家湾镇 400 多户受淹

图 1-5 彩图

图 1-5 2012 年"7·21"洪水情况

2. 点源污染与面源污染叠加，水环境质量恶化

由于北京市水质不达标河道主要为北运河的支流，大部分排入通州区，外源输入性污染加之区内点源和面源污染，造成境内北运河、运潮减河、通惠河等河道虽常年有水，但水质均为劣Ⅴ类，其中19条河道为黑臭水体，不符合水功能区划的要求，水质富营养化严重。

除外源输入性污染外，通州境内污染主要来源于以下方面：

（1）合流制溢流污染。原通州建成区市政排水系统为合流制排水系统，副中心范围内现状合流管道溢流口约有21个，主要集中在北运河、通惠河及玉带河等河道沿岸。

（2）面源污染。城市区域雨水径流污染日益突出，初期径流污染浓度已接近甚至超过污水处理厂进厂污水污染物浓度。农村地区生活垃圾堆积、农药化肥不合理使用，直接对地表水环境造成污染。

（3）通州区污水处理设施严重缺乏，污水直排问题突出。根据2015年《北京市水务统计年鉴》，通州区污水处理率仅为65.1%。

3. 水质恶化造成水生态系统退化

河道被多级橡胶坝隔断形成了多级塘系统，失去了河道固有的纵向连续性；水源不足，水面静止，失去了河道水体的流动性；河道内水生植物种类单一，仅部分岸边生长有一定量的芦苇等挺水植物，缺乏大型沉水植物；鱼类以耐污染的鲢鱼、鳙鱼为主，品种单一，水生食物链缺失，河道生态系统退化，生态优势难以得到充分发挥。

运潮减河及减运沟局部河道驳岸生态有待加强，局部驳岸径流冲刷携带的污染物会污染河道并影响驳岸景观，局部驳岸植物稀疏或裸土覆盖。

河道两岸存在边坡裸露、塌陷现象，且植被种类单一，加上以往河道治理多以功能性治理为主，缺乏景观多样性、亲水设施等方面的考虑，河湖水系生态景观平庸，不足以支撑"蓝绿交织、水城共融"的发展目标。

4. 地下水超采，用水矛盾突出

由于多年来需水大于供水，因此不足部分只有靠加大地下水开采量来解决，造成地下水超量开采，致使地下水位不断下降，水井出水量逐年减少。由于严重超采，通州城区已形成超过70km²的下降漏斗区。2011年实际开采水量3亿m³左右，日供水量6万t以上，通州三个水源地都处在超采状态，傍河取水水源地基本停用。

自20世纪80年代以来，通州区由于地下水开采量逐年增加，导致地下水水量和水质发生较大变化，深层地下水水位不断下降。通州区全区属于地下水超采区，其中北京城市副中心、宋庄镇、台湖镇的部分地区属于严重超采区，

超采区面积约为 223km²，占全区面积的 25%；其他地区为一般超采区，超采区面积约为 683km²。地下水超采引发了较严重的地面沉降，据统计，地面累计沉降量大于 300mm 的面积占通州全区的 27%，其中地面累计沉降量大于 500mm 的面积约为 84km²，主要分布在城市副中心的永顺、梨园、台湖等地区。城市副中心部分为严重超采区，部分为一般超采区。通州区地下水超采区及地面沉降情况如图 1-6 所示。

图 1-6 彩图

（a）地下水超采区沉降图

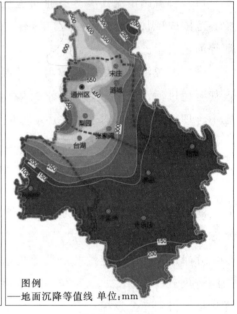

（b）地面沉降图

图 1-6　通州区地下水超采区及地面沉降图（来源：通州区海绵城市建设专项规划）

　　深层地下水持续超采，导致地下水位不断下降。通州现状水厂及朝阳管线供水能力 14 万 m³/d，2014 年生活工业高峰时日需水 23 万 m³/d，供水设施能力不足。夏季用水高峰期，高层楼房无水或水微现象时有发生。未来用水需求将进一步增加，本地水资源无潜力可挖，需要加大外调水量，供水结构亟待优化。

　　再生水管网系统尚未建成，未充分有效利用再生水。现状再生水厂配套再生水管道系统尚未建成，如碧水再生水厂再生水出厂干管未修通，导致现状再生水管道中没有再生水；现状再生水管网覆盖率低，绿化灌溉及道路环卫无法就近取用再生水，未能有效替代清水资源。

　　通州的雨洪工程分散、整体规模小，许多雨洪利用的工程和自然措施闲置废弃或被填埋，加上群众对雨洪利用重要性认识不够等问题，雨洪利用效果欠佳，造成一定的水资源浪费。

在缺乏水资源的情况下，副中心的雨水和再生水的资源化利用工作亟待加强。

1.2 时代特色的千年之城

1.2.1 北京城市副中心提出背景

2014 年 2 月，中央指出要结合功能疏解，集中力量打造城市副中心，为城市副中心规划建设拉开了序幕。2015 年 4 月底，中央政治局审议通过的《京津冀协同发展规划纲要》明确了有序疏解北京非首都功能，加快规划建设北京城市副中心，有序推动北京市属行政事业单位整体或部分向副中心转移。副中心的建设是历史性的战略选择，是"千年大计、国家大事"，其战略地位提到了前所未有的高度。

北京市委第十一届七次全会关于《中共北京市委北京市人民政府关于贯彻〈京津冀协同发展规划纲要〉的意见》提出：北京未来将聚焦通州，加快推进城市副中心建设，争取 2017 年取得明显成效。

副中心规划范围为原通州新城规划建设区，西至与朝阳区之间的规划绿化隔离带，东至规划东部发展带联络线，北至现状潞苑北大街，南至现状京哈高速公路，东西宽约 12km，南北长约 13km，总用地面积约 155km²，加上拓展区覆盖通州全区约 906km²。北京城市副中心位置如图 1-7 所示。

1.2.2 北京城市副中心发展定位

2018 年 12 月 27 日，党中央、国务院正式批复《北京城市副中心控制性详细规划（街区层面）（2016—2035 年）》（以下简称"副中心控规"），提出着力建设中心城区功能和人口疏解的重要承载地，着力打造国际一流的和谐宜居之都示范区、新型城镇化示范区和京津冀区域协同发展示范区。根据发展定位，城市副中心的主要职能是中心区功能疏解的重要承接地、世界城市新功能的重要承载区、宜业宜居的综合性新城市、世界一流水平的现代化国际新城，未来通州将成为北京发展新磁极、首都功能新载体。

副中心功能定位为疏解北京非首都功能，有序推动北京市属行政事业单位整体或部分向副中心转移，重点发展行政办公、文化旅游和部分商业配套三大核心职能，大力完善与配套城市功能，控制发展其他功能，形成"三片三核心"的功能布局。其中：东部政务新区以行政办公区为核心，北部片区以运河商务区为核心，南部片区以文化旅游区为核心。

图1-7 彩图

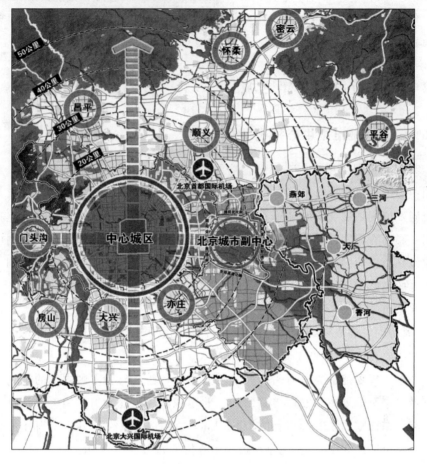

图1-7 北京城市副中心位置图（来源：副中心控规）

1. 国际一流的和谐宜居之都示范区

坚持生态优先，实现人与自然和谐共生；坚持以人为本，创造良好人居环境；坚持绿色发展，提高集约节约利用水平；坚持文化传承，提升文化软实力。建设环境优美、绿色低碳、和谐文明的美丽家园，满足人民群众日益增长的美好生活需要。

2. 新型城镇化示范区

坚持公平共享，让广大农民共同享受发展成果；坚持城乡融合，分区分类引导小城镇功能联动和特色发展；坚持改革创新，壮大乡村发展新动能。实现城乡规划、资源配置、基础设施、产业、公共服务、社会治理一体化，形成功能联通、融合发展、城乡一体的新型城镇化格局。

3. 京津冀区域协同发展示范区

坚持协同互补，形成分工有序的网络化城镇体系；坚持共管共控，建立统一规划、统一政策、统一管控的协调机制；坚持互惠共赢，协调廊坊北三县地区提升公共服务水平。实现要素有序自由流动，携手构建京津冀协同创新共同体。

1.2.3　海绵城市是六个城市建设目标之一

控规明确副中心发展目标为：到 2035 年初步建成具有核心竞争力、彰显人文魅力、富有城市活力的国际一流和谐宜居现代化城区。城市功能更加完善，城市品质显著提升，承接中心城区功能和人口疏解作用全面显现，城乡一体化新格局基本实现，与河北雄安新区共同建成北京新的两翼。创造"城市副中心质量"，高质量发展的示范带动作用成效卓著，奠定新时代"千年之城"的坚实基础。将副中心打造成为低碳高效的绿色城市、蓝绿交织的森林城市、自然生态的海绵城市、智能融合的智慧城市、古今同辉的人文城市和公平普惠的宜居城市。

控规对海绵城市建设提出的总体要求是建设安全可靠、自然生态的海绵城市。

（1）精明理水。借鉴古人"堰"的分水理念，基于自然地势，顺应水系脉络，运用现代工程技术手段，合理优化海河流域防洪格局，统筹考虑全流域、上下游、左右岸，建立上蓄、中疏、下排的"通州堰"系列分洪体系，保障城市副中心防洪防涝安全，稳定常水位，为营造安全有活力的亲水岸线提供条件。完善北运河、潮白河防洪减灾体系，合理划定河湖蓝线，完善多功能生态湿地（蓄涝区）等设施，到 2035 年城市副中心防洪标准达到 100 年一遇，防涝标准达到 50～100 年一遇。

（2）海绵蓄水。建设自然和谐的海绵城市，尊重自然生态本底，构建河湖水系生态缓冲带，发挥生态空间在雨洪调蓄、雨水径流净化、生物多样性保护等方面的作用，实现生态良性循环。综合采用透水铺装、下凹绿地、雨水花园、生态湿地等低影响开发措施，实现对雨水资源"渗、蓄、滞、净、用、排"的综合管理和利用，到 2035 年城市副中心 80％城市建成区面积实现年径流总量控制率不低于 80％。

1.3　积极探索的传承之人

1.3.1　雨洪利用与海绵城市理念一脉相承

北京是国内最早开展雨洪利用的城市之一。自 20 世纪 90 年代开始，由于缺水形势严峻，北京市开展了国家自然基金项目"北京市水资源开发利用的关键问题之一——雨洪利用研究"，在全国首次提出了城市雨洪利用的概念。随后通过一系列项目的支撑，不断完善城市雨洪控制理念，初步构建了北京城市雨洪控制与利用技术体系。从 2000 年开始，在中德国际合作项目暨北京市重大科技专项"北京城市雨洪控制与利用技术研究与示范"的支持下，建设了我国第一批城市雨洪控制与利用示范工程，包括双紫小区、水电学校、海淀公园、京水小区、八里庄小区等。之后在科学研究的基础上，北京城市雨洪控制开始转入技术集成，并围绕奥运工程和亦庄经济技术开发区等重点项目和区域进行示范推广。为充分利用河道、沟岔、砂石坑等场所蓄滞雨洪，在凉水河、通惠河、潮白河上建成了 3 处雨洪利用工程。此后，在奥运中心区及各奥运场馆均开展了雨洪利用工程建设。这一阶段各区县在雨洪控制与利用方面也开展了大量的工作，分别根据各自特点实施了相应的示范工程和试点建设，为北京市海绵城市建设打下了良好的基础。2009 年前建设的典型海绵设施如图 1-8 所示。

2009 年开始，北京市全面推广雨洪控制与利用相关技术。这一阶段随着城市雨洪管理理念的逐步发展和技术体系的不断完善，基于北京市水资源短缺、城市积滞水、水环境恶化等实际问题与现实需求，北京市走出了具有自身特色的雨洪管控发展路径，并形成了不同时期的技术特点。

1. 资源利用，化害为宝（2009—2013 年）

随着城市的开发建设，北京城市的水资源短缺和积滞水问题越发显著，这一时期的城市雨洪管控重心是将汛期多余的雨洪水转化为可利用的资源。

2009 年，《北京市建设项目水土保持方案技术导则》中纳入雨洪利用相关要求，新增雨洪利用率指标。同年，北京市水务局、环保局和发展改革委联合发文要求建设项目水保方案作为环评审批的前置条件，进一步落实了对建设项目的雨洪资源利用要求，在全市范围推广应用雨洪资源利用技术。

2012 年，北京市规划委员会关于印发《新建建设工程雨水控制与利用技术要点（暂行）》的通知（市规发〔2012〕1316 号）中，明确提出建设项目雨水利用规划设计的要求，包括雨水控制利用量、雨水综合利用率等指标，以及雨水回用用途等要求。同年，北京未来科学城编制了雨水利用专项规划，从雨水排除、雨水利用、内涝防治、水土保持与园区景观绿化等有机结合的角度出发，提出雨水控制利用各项指标，并指导实际工程建设，严格落实雨水利用相关要求。

2013 年，北京市启动实施水影响评价工作，将水影响评价作为建设项目可研审批的前置条件，严格控制建设项目雨水排除，积极鼓励雨水的就地收集与利用。

（a）亦庄多功能公园

（b）科创十七街道路工程

（c）奥运中心区下凹绿地

（d）亦庄生态停车场

图1-8　彩图

（e）双紫小区雨水灌溉绿地

（f）双紫小区雨水洗车

图1-8　2009年前建设的典型海绵设施

2. 水量管理，水质提升（2013—2015年）

2013年，北京市启动了第一个三年治污行动方案，明确提出了消除黑臭水体、控制城市面源污染的目标。2015年，北京市人民政府关于印发《北京市水

13

污染防治工作方案》的通知，明确了雨污分流改造、控制城市与农村面源污染、整治城市黑臭水体等任务。一系列文件的出台，标志着这一时期雨水管理的重点从水量管理扩展到水量水质综合治理。

3. 海绵城市，综合管控（2015年至今）

在传统雨洪综合利用技术的基础上，充分融合"渗、蓄、滞、净、用、排"为核心的海绵城市建设理念和技术，以通州城市副中心国家试点区为龙头，在市域范围内全面落实海绵城市建设要求。2018年，北京市和各区启动海绵城市专项规划编制任务，并进一步完成各类实施方案的编制工作，标志着北京城市雨水管控全面进入以海绵城市建设为核心的综合管控时期。

综上所述，北京市强调雨水的综合管控，具体措施包含从源头、过程和末端的综合管控，与海绵城市建设理念一脉相承，可以说北京市多年的雨水管控经验，为推进海绵城市建设奠定了良好的基础。

1.3.2　海绵城市试点带动全区海绵城市建设

自国家海绵城市建设试点申报工作开展以来，北京市积极响应，精密部署开展海绵城市申报工作，并于2016年成功入选国家第二批海绵城市建设试点城市。按照新旧结合、连片示范、流域综合治理的原则，选择副中心运潮减河和北运河两河的三角地带作为海绵城市试点区。范围为：北至运潮减河，西南至北运河，东至规划春宜路，共计19.36km²。试点区与北京城市副中心的位置关系如图1-9所示。

试点开展紧紧围绕"小雨不积水、大雨不内涝、水体不黑臭、热岛有缓解"的建设目标，坚持问题导向，发扬"工匠精神"，持续推动海绵城市试点建设，特别是在顶层设计、体制机制、工程建设、标准规范、资金使用和运作模式等方面，不断探索，建成了一批精品项目和片区。截至试点验收时（2019年12月），16个排水分区中，9个排水分区已建设完成，4个部分完工，共13个分区实现年径流总量控制率、污染物削减率等指标达标，达标面积占比81%。累计完成海绵型建筑小区、公园绿地、道路及排水管道、防洪排涝等项目107项，工程完工率80%。目前试点区年径流总量控制率达84.2%，其中行政办公区年径流总量控制率达到91.7%，高于城市副中心整体80%的目标要求。

同时，充分发挥试点带动作用，海绵理念在整个副中心落地开花。文化旅游区、城市绿心、张湾特色小镇等重大工程和片区全面落实海绵理念。老城双修工作也将海绵改造列入改造清单，供社区百姓选择。海绵理念在副中心广大居民心中落地生根，海绵城市成为副中心的靓丽名片。

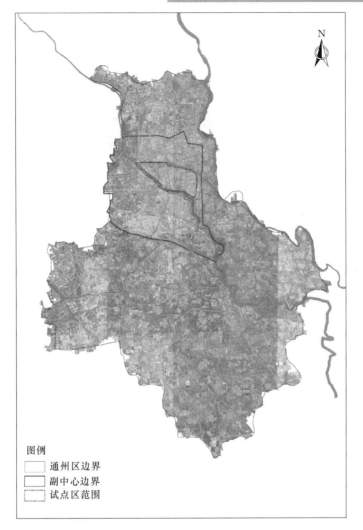

图1-9 彩图

图例

☐ 通州区边界
☐ 副中心边界
⬚ 试点区范围

图1-9 试点区与北京城市副中心的位置关系

　　海绵城市是解决当前副中心存在的诸多水问题的有效手段，是实现副中心人水城和谐的城市建设基本理念，而海绵试点的成功申报则为高标准建设城市副中心提供了强有力的支持。

第 2 章

科学谋划，绘好海绵建设的蓝图

2.1 细致踏勘，摸清本底

2.1.1 自然概况

2.1.1.1 气象特征

通州区气候属温带大陆性半湿润季风气候区，春天干旱少雨、多风、蒸发强度大；夏季炎热多雨；秋季天高气爽，风和日丽；冬季干燥寒冷，盛行偏北风。多年平均降雨量 535.9mm，多年平均蒸发量 1308mm。多年平均降雨量及蒸发量分布情况如图 2-1 所示。汛期（6—8 月）降雨量占全年降雨量的 80% 以上，汛期降水又常集中在 7 月下旬和 8 月上旬，极易形成洪涝灾害。多年平均气温 14.6℃，最高月平均气温发生在 7 月，为 26.0℃；最低月平均气温发生在 1 月，为 −4.7℃，平均温差 30.7℃。最大冻土深度 0.56m，年平均风速 2.6m/s。

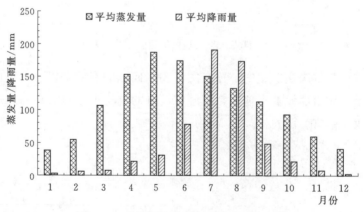

图 2-1 多年平均降雨量及蒸发量分布图

通过收集通州区近 30 年的日降雨数据，并对降雨数据进行基础整理，按照《海绵城市建设技术指南——低影响开发雨水系统构建（试行）》中年径流总量控制率的计算方法，对通州区近 30 年的日降雨数据进行分析，得出通州区年径流总量控制率与设计降雨量的关系曲线，如图 2-2 所示。

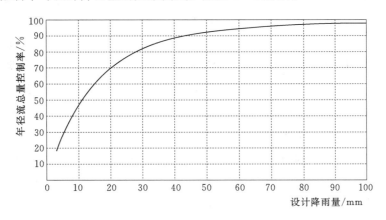

图 2-2　通州区年径流总量控制率与设计降雨量的关系曲线

2.1.1.2　地形地貌

海绵城市建设试点区地质地貌条件符合通州区总体特征，地面高程在 19～28m 之间，高差 9m，整体坡度较为平缓，如图 2-3 所示。

图 2-3　试点区高程图（2016 年）

图 2-3　彩图

试点建设之前，东六环以东区域基本为新建区。在建设项目规划阶段，便开展了竖向规划编制工作，旨在通过竖向管控为区域防洪排涝提供良好基础条件，因此在试点建设过程中，该区域的地形会不断发生变化。

2.1.1.3　河流水系

试点区范围内原有运潮减河和北运河两条河流，后新开挖镜河。

运潮减河开挖于 1963 年，上起北关分洪闸，下至东堡村入潮白河，全长 11.5km，流域面积 61.2km²，是将温榆河洪水分入潮白河的一条人工分洪河道，并承担本区域内的防洪排水任务。1987 年按照 20 年一遇设计，50 年一遇校核标准对该段河道进行了河道清淤及复堤，河道底宽 80m，左右堤防间距为 130～212m。2014 年实施中小河道治理，进一步清淤、扩宽河道底宽至 100m。

北运河发源于燕山南麓昌平、延庆、海淀一带，沿途汇入中心城区、昌平、海淀、顺义、朝阳、通州等区的大小支流，在通州牛牧屯村附近流出市界，经河北省香河县至天津武清区入永定新河，全长 238km，流域总面积 6051km²。通州区北运河水系流域面积占 87%，副中心北运河水系占 90% 以上。北运河在试点区内共有 3km，自北关闸至京秦铁路桥。

试点区规划新挖镜河，镜河河道总长 3.5km，北起运潮减河，南至北运河。河道宽度 80～200m，常水位为 18.00m，最高水位 20.00m。在河道两侧修建排水暗涵，在河道南侧末端修建排涝泵站，在河道两端修建节制闸。由于行政办公区北部发现汉代路县古城遗址，玉带河大街以北河道方案需根据总体规划进行调整，该段河道工程暂缓实施。试点区河流水系及主要水工建筑物如图 2-4 所示。

图 2-4 彩图

图 2-4　试点区河流水系及主要水工建筑物

2.1.1.4　下垫面情况

建成区面积 7.41km²，包含 3.33km² 的水域面积。建成区地质地貌条件符合通州区总体特征。建成区建设用地约 4.08km²，现状下垫面主要包括居住用地、公共设施用地、商业服务业设施用地、绿地与广场用地等。

行政办公区占地 6.75km²，原下垫面主要包括农田、村庄建设用地、城镇建设用地和道路用地等，其中村庄和城镇等建设用地大部分已经完成拆迁，仅保留东北部的中学和两块居住用地。目前已建设了行政办公区一期工程，总用地面积为 1.12km²。

2.1.1.5　地下水水位

通州区第四系地层广泛分布，属松散岩类孔隙水，厚度较大，含水层较好，地下水百米内含水层之间除局部水力联系不好外，绝大多数地区的含水层均有较好的水力联系。

区内地下水的流向为北运河以北及以东地区自北向南流动，北运河以西及以南地区则为自西北向东南流动。根据建成区内东果园北街、北运河东滨河路、芙蓉东路和水仙东路等四条道路的勘测报告显示，地下水初见水位埋深为 10.50～14.00m，稳定水位埋深为 9.30～13.50m（表 2-1）。根据行政办公区的岩土工程详细勘察数据显示该区域水位埋深为 7.00～7.40m。

表 2-1　　　　　　　　道路地勘地下水位统计表

道路名称	初见水位埋深/m	稳定水位埋深/m
东果园北街	11.70～14.00	11.40～13.50
北运河东滨河路	11.50～12.50	11.00～11.80
芙蓉东路	10.50～12.90	9.30～12.00
水仙东路	10.50～11.50	10.00～10.80

2.1.1.6　土壤渗透性

为明确试点区土壤与人工结构渗透规律，对试点区内东果园北街、北运河东滨河路、芙蓉东路和水仙东路等四条道路进行地质测测。岩土勘探点位如图 2-5 所示。勘测结果显示，建成区表层土质以粉质黏土为主，往下依次是细砂、中

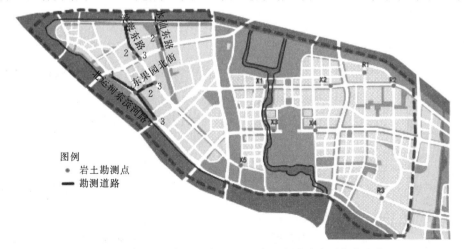

图例
　● 岩土勘测点
　━ 勘测道路

图 2-5　彩图

图 2-5　岩土勘探点位图（来源：《试点区海绵城市系统化方案》）

砂、粗砂等。综合竖向渗透系数根据不同土质分布厚度有所区别，介于 $2.72\times 10^{-6} \sim 1.58\times 10^{-3}$ cm/s 之间。勘测道路渗透系数统计表见表 2-2。

表 2-2　　　　　　　　　　　勘测道路渗透系数统计表

道路名称	钻孔编号	综合竖向渗透系数/(cm/s)
东果园北街	1	2.96×10^{-5}
	2	3.83×10^{-4}
	3	2.72×10^{-6}
北运河东滨河路	1	1.00×10^{-6}
	2	6.13×10^{-4}
	3	1.41×10^{-3}
芙蓉东路	1	2.19×10^{-5}
	2	5.31×10^{-4}
	3	1.58×10^{-3}
水仙东路	1	2.08×10^{-5}
	2	4.06×10^{-5}
	3	2.09×10^{-5}

行政办公区和人大校区及周边区域属新建区，两区域毗邻，土地利用类型和开发程度相近，土壤渗透情况相似。根据行政办公区内开展的岩土工程详细勘察数据，行政办公区内的地表岩性呈现出比较明显的分层特性。地表以下 0～8m 范围内，岩性成因年代主要为人工堆积层和新近沉积层，岩性以粉质黏土和黏质粉土为主，渗透性较差。地表以下 8～20m 范围内，岩性成因年代主要为新近沉积层，岩性以细砂、中砂为主，渗透性相对较好。

综上所述，试点区表层土壤基本以粉质黏土为主，渗透系数基本在 1×10^{-4} cm/s 左右，部分区域开展以渗为主的海绵设施建设需要换土。

2.1.2　海绵建设本底情况

2.1.2.1　建筑小区现状分析

试点区涉及中仓街道、新华街道、永顺街道和潞城镇四个行政辖区，经调研试点区内约有居民 10 万人，30 个建筑与小区。

新建小区内部多采用雨污分流制管线，建筑密度低，绿化率高，但部分小区绿化采用微地形景观设计，多修建地下车库，且地库顶板覆土较浅，不利于构建下渗型绿色基础设施；老旧小区内部多采用雨污合流制管线，部分小区无雨水管线，绿化率低，硬化面积大，多采用地上停车方式，小区景观环境差。

1. 新建小区

新建小区绿化率高，在建设时对小区的绿化景观进行较多的考虑，采用微地形营造小区内的景观，如图 2-6 所示。小区绿化多采用灌木、乔木等较大型植被。

图2-6 彩图

图2-6 新建小区微地形设计

　　部分新建小区内设有人造水景观，冬季考虑水景池体的冻融问题，一般不存蓄水量，夏季主要通过人工补水方式提供水源，水源主要为饮用水，水资源浪费严重；由于缺少定期维护清理，小区内水景观常存在黑臭现象，小区水景观较差，如图2-7所示。在水景观竖向条件满足的情况下，可将人造水景观作为雨洪调蓄设施。

图2-7 彩图

图2-7 小区内水景观冬季现状

新建小区的高层塔楼屋面雨水多采用建筑内排水形式，雨水未经处理直接进入雨水管网，雨季时对雨水管网的排水能力要求较高，不但加大了城市排水设施和污水处理厂的负担，还增加了内涝积水的风险。高层建筑雨落管未消能情况如图 2-8 所示。

图 2-8 彩图

图 2-8　高层建筑雨落管未消能

从科学性和合理性的角度出发，对于新建小区不适宜进行较大规模的改造。具体原则和策略如下：

（1）新建小区内绿化率较高，但多数新建小区内绿地高程超出地面，没有足够的收水面积，在降雨时难以收集路面雨水；在微地形绿地中修建下沉式绿地应充分考虑土方开挖的实际工程情况，方案实施的可落地性是在方案设计时需要重点考虑的问题。

（2）小区内微地形绿地坡度较大时，雨水径流易流入道路或其他硬质铺装，小区内的景观植物对于土地的覆盖度较差，固土性不强，暴雨时随着雨水径流的冲刷易造成水土流失现象。

（3）新建小区内人造水景观竖向条件是否合理，降雨时是否可作为小区内雨水调蓄设施使用，是目前新建小区海绵城市改造的一个重点，在海绵城市改造过程中应充分考虑并合理利用小区内水景观的调蓄作用。在新建小区海绵改造设计阶段，科学合理设计并调整小区内局部竖向关系，达到新建小区改造工程量最小且能充分利用现状条件的目标。

（4）新建小区一般多为高层建筑，高层建筑屋面雨水经由雨落管流入建筑周围绿地，需经过消能设施，防止由于雨水径流的冲刷造成水土流失。

（5）新建小区多建有地下车库，在海绵城市改造过程中应注意在地下车库上层的覆土绿地慎用"渗、蓄、滞"类的设施，应注意地下车库顶板的防渗处理。

（6）新建小区由于建设年代较近，多数路面较新，因此对于硬质铺装更换为透水铺装的做法应充分考虑工程实际、居民意愿及建设投资等因素，不应为了海绵而海绵，要以解决小区内部问题为主要方向。

2. 老旧小区

（1）现状景观。老旧小区内因绿化面积不足、管理不善、维护不到位等因素，导致小区绿化景观效果较差（图 2-9）。小区内植被覆盖度不足，土地覆盖效果不好（图 2-10），裸土在暴雨冲刷情况下会造成严重的水土流失。

图 2-9　彩图

图 2-9　老旧小区绿化景观

图 2-10　彩图

图 2-10　老旧小区绿地裸露

（2）现状雨水排放形式。老旧小区因为其硬化面积大，建筑周边无绿地，雨落管末端未接入绿地进行雨水消纳，大部分雨水散排至建筑周边硬质铺装（图 2-11）。

（3）现状小区铺装。老旧小区因建设年代较为久远，部分硬质铺装因使用年限较长、管理不善等因素已出现破损现象（图 2-12）。

（4）现状雨水口。老旧小区内因物业维护管理不到位、居民环保意识不强等问题，雨水口存在被植被落叶、生活垃圾堵塞的现象（图 2-13）。

图2-11 彩图

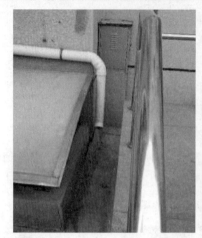

图2-11 老旧小区雨水散排

图2-12 彩图

图2-12 硬质铺装破损现状

图2-13 彩图

图2-13 老旧小区现状雨水口堵塞情况

结合老旧小区现场踏勘结果，确定其改造策略及原则如下：

（1）老旧小区硬质路面占比较高，且年代久远，破损较为严重，在海绵城市改造过程中，可结合老旧小区的路面修补等工作，同步施工，将硬质铺装路面改造为透水铺装。

（2）老旧小区内绿化维护管理不善，造成小区内景观效果较差，在海绵城市改造的同时应注意对小区景观的提升。

（3）雨水口处垃圾、枯枝落叶等杂物堆积堵塞现象严重，不仅会影响雨水口的收水能力，同时也会造成严重的雨水径流污染。雨水口设置在绿地中会造成雨水径流携带泥沙进入管网，易造成由水土流失和径流污染引起的城市水环境问题，因此要注意雨水口的改造。

2.1.2.2 市政道路现状分析

对海绵城市试点区范围内的道路进行调研，并对现状情况进行整理。

1. 现状绿化

几条主干道断面形式较为统一，不存在道路中央的绿化带。道路断面主要形式如图 2-14 所示。部分道路现状如图 2-15 所示。

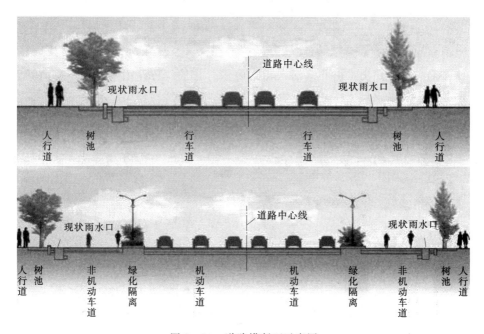

图 2-14　道路横断面示意图

机非隔离带与道路有路缘石分隔，种植植物多以乔木、灌木为主，路边人行道多以硬质铺装为主（图 2-16）。

2. 现状雨水排放形式

主要道路坡度由中央向两侧倾斜，主路上未设置雨水口，在主路两侧设置

25

图 2-15 彩图

图 2-15 现状道路

图 2-16 彩图

图 2-16 机非隔离带

路缘石豁口，主路雨水由此口汇入辅路雨水口排放。道路雨水径流不能直接汇入绿化带中，雨水径流排入市政管网（图 2-17、图 2-18）。

图 2-17、
图 2-18 彩图

图 2-17 部分路段主路与辅路间豁口　　　图 2-18 道路雨水口位置现状图

3. 现状道路铺装

建成区内主干路、支路均为沥青混凝土路面，人行道无透水铺装（图 2-19、图 2-20）。

市政道路本身存在硬质路面大，雨水径流量大的特点，示范区现状主路未布设雨水口，道路雨水排放能力不足，机非隔离带未能下凹发挥滞峰效果，易

图 2-19、
图 2-20彩图

图 2-19　人行道现状铺装　　　图 2-20　机动车道现状铺装

出现道路积水现象，影响人们出行及交通安全。

　　如果要对试点区内的道路进行改造，必然涉及交通改道，综合考虑副中心现实情况，试点期间暂时不对道路进行改造。

图 2-21　彩图

图 2-21　公园现状

2.1.2.3　公园绿地现状分析

　　公园绿地作为城市的重要海绵体，除进行自身雨水消纳外，还应合理承担中途、末端雨水调蓄和径流削减的作用，但由于试点区公园绿地数量不多，且受限空间位置，难以充分发挥中途及末端雨水调蓄功能。因此试点区范围内的公园绿地项目海绵城市改造时，主要考虑自身海绵城市达标，并能够在改造过程中充分利用收集的雨水（图 2-21）。

2.1.2.4　排水管线现状分析

　　现状建成区市政排水体制为合流制，方沟最大断面规格为 5200mm×2000mm，最小断面规格为 1600mm×1600mm，其余管线为圆形断面排水管道。2016—2017 年黑臭水体治理工程中将现有排水口做截流处理，运潮减河南侧、

东六环西侧、北运河东侧修建截污干管，用于截流和输送现状旱季污水至下游
河东再生水厂。

建成区内共有污水管线 7 条，约 8.5km，管径为 400～1500mm。S2 排水分
区内建有小型污水处理站，用于处理该区域居民生活污水，现状污水处理厂处
理能力较低，仅为 1000t/d，日常运行情况为 800～900t/d，难以满足远期污水
处理。现状建成区污水管网分布如图 2-22 所示，建成区雨水及合流管网现状
如图 2-23 所示。

图 2-22 彩图

图 2-22 现状建成区污水管网分布图

图 2-23 彩图

图 2-23 建成区雨水及合流管网现状图（来源：《试点区海绵城市系统化方案》）

2.1.2.5 排口及附属设施

根据统计的管网资料，北运河试点区段东岸共有 6 处主要排口，运潮减河试点区段南岸共有 2 处主要排口，如图 2-24 所示。

图 2-24 彩图

图 2-24　建成区排口分布图

1. 现状排口

现状排口 1 为 S1 分区运河东大街排口，收集排放 S1 排水分区的雨水（S1 为待建区，无居民生活污水排放），管径为 3.2m×2m 的雨水方涵，为淹没出流。现状排口 2 为排涝泵站排放口，解决 S6 分区下凹桥积水点，管径为 2m，排口处设有防倒灌拍门（图 2-25）。

现状排口 3 为 S6 分区玉带河大街排口，收集排放 S6 分区雨、污水，为双孔管涵排口淹没出流，单孔尺寸为 2.8m×2m，排口处设有截污格栅，该排口上游管段为雨污合流管，目前该排口已被北运河一侧截污管线截流旱季污水量。现状排口 4 为 S3 通胡大街排口，收集排放 S3 排水分区的雨、污水，管径为 3.2m×2m 的雨水方涵，为淹没出流，排口处设有截污格栅，该排口上游管段为雨污合流管，目前该排口已被北运河一侧截污管线截流旱季污水量。由于使用年份较长，截污格栅破损严重，景观效果较差（图 2-26）。

29

图2-25　彩图

现状排口1　　　　　　　　　　　现状排口2

图2-25　现状排口1和排口2现场图

图2-26　彩图

现状排口3　　　　　　　　　　　现状排口4

图2-26　现状排口3和排口4现场图

图2-27　彩图

弃用排口

图2-27　弃用排口现场图

弃用排口为排水分区内污水处理站排口，此污水处理站主要处理牡丹雅园、紫荆雅园和月季雅园的污水，目前污水处理站由于设备老旧已不运行处理污水，只起提升作用，收集的污水截流至运潮减河一侧截污管线，排口末端设有鸭嘴阀，防止运潮减河水位升高引起河水倒灌现象（图2-27）。

现状排口6收集排放S4分区的雨、污水，管径为1.5m的排水圆管，该排口上游管段为雨污合流管。目前该排口已被运潮减河一侧截污管线截流旱季污水量，现状为自由出流，当运潮减河水位升高时，会变为淹没出流方式，排口末端设有鸭嘴阀，防止运潮减河水位升高引起河水倒灌现象。由于使用年份较长，鸭嘴阀存在老化现象。

现状排口 5 收集排放 S5 分区的雨水，雨水方涵截面为 3.2m×1.6m，为淹没出流（图 2-28）。

图 2-28 彩图

现状排口 5　　　　　　　　　　现状排口 6

图 2-28　现状排口 5 和排口 6 现场图

建成区各排口出流形式多为淹没出流，为保证雨季该区域的正常排水，联动下游甘棠闸橡胶坝及榆林庄闸管理处放水降低河道水位，减少河道水位过高对排水的顶托作用。

2. 合流制管道排口截流设施

为解决旱季合流制管道污水入河，在现状排口 3 和排口 4 之前设置了 60cm 高的溢流堰，同时考虑到北运河河道水位对排口的顶托，在入河口之前建设了防洪节制闸。截污闸门形式如图 2-29 所示。

在具体工程建设过程中，受各种因素制约，个别合流制排口截流设施位于防洪节制闸之后，形成了闸前溢流和闸后溢流两种形式。

闸前溢流指管涵中闸门在旱季时关闭，闸前设置 80cm 的溢流堰，生活污水全部被

图 2-29 彩图

图 2-29　截污闸门形式图

截入污水截污管，在雨季时人工将闸门开启，当产生的雨污水量少时，直接被截入污水干管，排放至下游河东再生水厂；但雨污水量超过溢流堰的水量时，会发生溢流现象。闸前溢流示意图如图 2-30 所示。

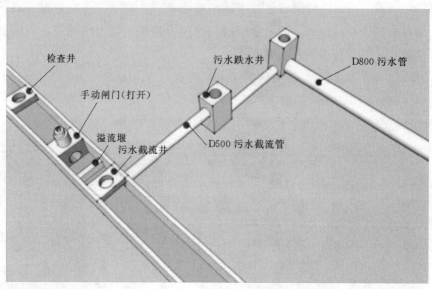

（a）雨季工况

图 2-30　彩图

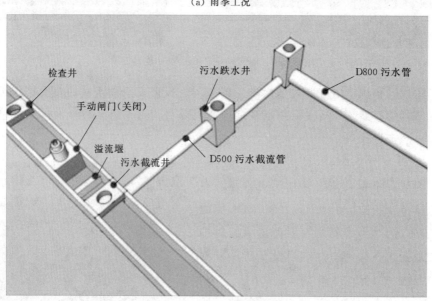

（b）旱季工况

图 2-30　闸前溢流示意图

　　闸后溢流指污水截污设施位于闸门之后，为实现截流效果闸门必须处于开启状态，如果日常污水量过大时仍然会造成溢流污染。若遇北运河高水位状态，闸门关闭后，上游流域所有排水均无出路，将加剧区域内涝的问题。闸后溢流示意图如图 2-31 所示。

　　3. 排口末端节制闸

　　如前所述，现状末端排口（排口 3～排口 7）设置了防洪节制闸（图 2-32），此类闸门的主要作用是当发生特大洪水时，防止北运河及运潮减河河水倒灌入试点区。但河道洪水往往伴随着特大暴雨事件，关闭闸门防止洪水倒灌，降低了试点区被洪水淹没风险的同时，也致使区域内部雨水无法外排造成洪涝积水。

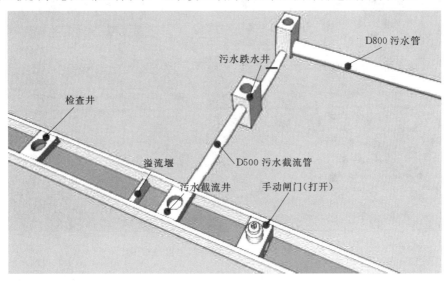

图 2-31 彩图

图 2-31　闸后溢流示意图

图 2-32 彩图

图 2-32　排口末端防洪节制闸

2.1.2.6　下凹桥区排涝泵站

试点申报材料指出，试点区共有 3 处下凹桥区的排涝泵站，分别为芙蓉路雨水泵站、玉带河东大街雨水泵站和古城泵站，其空间分布如图 2-33 所示。

1. 芙蓉路雨水泵站

芙蓉路雨水泵站，位于玉带河东街与紫运中路（芙蓉东路）相交路口的东南角。泵站建于 2007 年，泵站主体（泵房间、集水池等）及泵站附属（配电室、管理用房等）位于玉带河东街与紫云中路（芙蓉路）相交路口的东南角。

图 2-33 彩图

图例

试点区边界

图 2-33 试点区泵站空间位置分布图

该泵站主要负责紫云中路（芙蓉路）下穿京哈铁路处下凹桥区雨水的抽升任务。

泵站设计流量 2000m³/h，设计重现期 $P=3$ 年，汇水面积 2.0hm²，占地面积 888m²。泵房设雨水提升泵 2 台（无备用），单台水泵流量为 1000m³/h，扬程 8m。泵站雨水收集系统干管管径为 1000mm，两侧辅路分别敷设管径为 600～800mm 的雨水支管。泵站出水管径为 1000～1200mm，自泵房出水井接出，就近排入玉带河东大街上现状雨水方沟，下游排入北运河，泵站距北运河约 550m。

2. 玉带河东大街雨水泵站

玉带河东大街雨水泵站建于 2008 年，泵站主体（水泵间、集水池等）及泵站附属（配电室、管理用房等）位于玉带河东大街与京哈铁路交汇处北部。该泵站主要负责玉带河东大街与六环西辅路 2 座下凹桥区雨水的抽升任务。

泵站雨水系统，包括玉带河东大街下穿京哈铁路与六环西辅路下穿京哈铁路 2 座下凹桥区的低水收集系统。泵站设计流量 9250m³/h，设计重现期 $P=3$ 年，占地面积为 1163m²。泵站进水管径为 1600mm，出水管径为 1600mm，泵站出水管排入玉带河东大街现状雨水方沟，下游排入北运河。泵站距离北运河约 1410m。

3. 古城泵站

古城泵站位于通胡大街与京秦铁路相交的立交区西北侧，主要负责通胡大街下穿京秦铁路处下凹桥区雨水的抽升任务。泵站采用自灌式矩形排水泵，设计标准为 2 年一遇，于 1985 年建成并投入使用。2012 年 "7·21" 暴雨之后，通州区公路分局对该泵站进行了升级改造，设计标准提升至 5 年一遇。古城泵站现占地面积为 1180.5m²，服务汇水面积 5.2hm²。泵房设有雨水提升泵 4 台及集水坑 1 座，设计流量为 6768m³/h，泵站出水经通胡大街雨水管道排入运潮减河。

2.1.2.7 再生水厂

试点区位于河东再生水厂收水范围内。河东再生水厂位于北运河以东，减运沟以西、春晓街以南（图 2-34），用地面积约为 4.15hm²，现处理规模为 4.0 万 m³/d，处理工艺为 MBR，出水水质满足一级 B 排放标准，基本满负荷运行。试点建设期，该厂于 2018 年工艺提升改造，处理能力增加至 4.8 万 m³/d，目前约有 5000m³/d 的空余处理能力。根据《北京城市副中心污水排除与处理工程规划（2018—2035）》，远期河东再生水厂拟进一步扩大处理能力至 12 万 m³/d。

图 2-34 彩图

图 2-34 河东再生水厂位置图

2.2 科学评价，量化问题

2.2.1 洪涝问题突出

由于试点区排水受北运河和运潮减河河道水位制约，并处于北京市排水末端，地势低洼，同时部分管网不满足规划排水要求，因此极易发生洪涝。为了量化区域内涝风险，通过 MIKE 软件构建综合洪涝模型，分析管网排水能力和内涝风险。

2.2.1.1　模拟条件设置

设计降雨参照《城镇雨水系统规划设计暴雨径流计算标准》（DB 11/T 969—2016）（以下简称"暴雨标准"），1年、3年和5年最大分钟雨强分别为 2.17mm、3.26mm 和 4.44mm，雨型采用芝加哥雨型，雨峰系数取值 0.4。加入旱季污水流量变化曲线作为内涝分析的管道边界条件。

2.2.1.2　管网排水能力分析

1年一遇、3年一遇、5年一遇的设计降雨对建成区部分的管网排水能力模拟结果如图 2-35 所示。

图 2-35　彩图

　　　　(a) 1年一遇　　　　　　　　(b) 3年一遇　　　　　　　　(c) 5年一遇

图 2-35　不同设计降雨条件下管网压力分布情况（红色表示管网承压）

选定管渠压力 P 为判断依据：当 $P \leqslant 1$ 时，表示水流未充满管渠，管渠顶部不承压；当 $P > 1$ 时，表示管渠顶部承受压力。模拟结果显示，有 61.75% 的管渠排水能力在 3 年一遇以下，满足 3 年一遇排放标准的管渠为 23.84%，满足 5 年一遇排放标准的管渠为 14.41%。试点区域规划管渠排水能力是 3～5 年一遇，所以区域内约 60% 的管渠不满足规划排放标准。具体结果见表 2-3。

表 2-3　　　　　　　　　　　　管网模拟结果统计表

排水能力	长度/m	百分比/%
小于1年一遇	10884.9	52.65
1～3年一遇	1882.3	9.10
3～5年一遇	4927.9	23.84
大于5年一遇	2978.5	14.41
合计	20673.6	100.00

2.2.1.3　现状内涝风险评估

1. 情景设定

由于北运河及运潮减河50年一遇河道水位高于试点区地表高程，因此河道水位顶托效应必须在模拟时予以考虑。试点区上游河道北运河及运潮减河受北关水利枢纽控制，在 20 年一遇和 50 年一遇洪水时，河道内洪水流量受人为调度影响，具体洪水过程与自然洪水过程不一致。本次评估考虑最不利情景和最有利情景两个方案进行模拟，实际情况下，区域内涝程度介于最不利和最有利情景之间。

通常情况下，洪水峰值滞后于降雨峰值。按常规错频衔接方式，本次模拟按"50 年一遇设计降雨＋北运河/运潮减河 20 年一遇洪水"条件进行模拟。考虑到河道洪峰流量出现时间与降雨峰现时间不同步，本次设计两个情景开展模拟。情景一为同步情景，即试点区降雨峰值遭遇北运河洪峰；情景二为异步情景，即北运河洪峰滞后降雨峰值 12h。图 2-36 以玉带河大街排水口为例展示了降雨过程及排水口处的水位变化。其中 50 年一遇降雨采用水文手册推荐方法，24h 总降雨 300mm，最大 5min 雨强为 22.32mm。河道水位数据以 20 年一遇设计洪水过程作为边界条件输入 MIKE11 中计算。

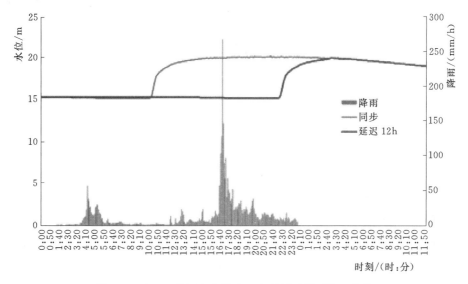

图 2-36　以玉带河大街排水口为例展示模型输入条件

考虑极端情况，即模拟 50 年一遇降雨＋遭遇 50 年一遇洪水位情景，目的是了解此种情景下区域的内涝风险。由于 50 年一遇洪水会随着堤防不达标段漫溢，造成区域洪水问题，因此本次模拟以堤防建设完毕，洪水不会漫溢为前提条件。

同时考虑北京典型暴雨事件，选取"2012.7.21"和"2016.7.20"两场暴雨进行模拟，以 2012 年 7 月 21 日 13：40—7 月 22 日 3：20 的和 2016 年 7 月 19 日 13：10—7 月 21 日 3：50 的实测降雨序列作为模型输入，分别模拟分析"7·21"和"7·20"典型降雨事件情境中试点区域的内涝风险情况。

2. 50 年一遇降雨＋河道 20 年一遇洪水情景模拟结果分析

按照内涝标准，积水深度大于 15cm，持续时间 30min 以上的区域为内涝积水点。同步情境下（50 年一遇降雨＋河道 20 年一遇洪水），建成区约有 45hm²

面积积水深度达到 15cm 以上；而滞后 12h，积水面积有 33hm²，降低了约 27%。其中同步情景约有涝水 22.95 万 m³，而滞后 12h 情景仅有 15.92 万 m³，降低了近 30%，如图 2-37 所示。

图 2-37 彩图

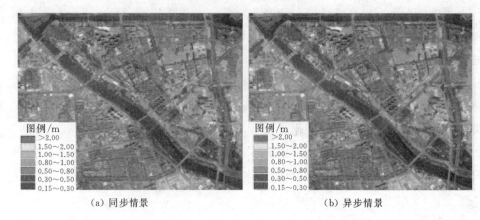

（a）同步情景　　　　　　　　　　（b）异步情景

图 2-37　不同情境下内涝积水情况（50 年一遇降雨＋河道 20 年一遇洪水）

依据积水时间和积水深度两个要素，划分内涝风险等级为四级，详见表 2-4。结果表明，同步情况下存在内涝风险的区域约为 45hm²，其中高风险区面积为 2.22hm²，较高风险面积为 8.16hm²，主要分布在三座下凹桥区（S6 分区）、经贸国际城二期及南侧空地附近（S2 分区）、月亮河城堡个别区域（S2 分区）（表 2-5）。道路中牡丹路、水仙东路、紫运北街、东六环西侧绿化带也存在较为严重的积水问题，主要是由于其自身地势较低，且具有承担外部客水的功能。而异步情况下内涝风险区域约为 33hm²，面积减少了 12hm²，其中三座下凹桥区的积水有了明显改善，如图 2-38 所示。由此可知，三座下凹桥区积水受北运河道水位顶托影响严重。而京贸国际城二期及南侧区域内涝主要是由于自身地势低洼，与北运河河道水位关系不大。无论从风险大小还是积水总

图 2-38 彩图

（a）同步情景　　　　　　　　　　（b）异步情景

图 2-38　不同情景下的内涝风险情况（50 年一遇降雨＋河道 20 年一遇洪水）

量上看，同步情景最为不利。

表 2 - 4 　　　　内 涝 风 险 划 分 依 据

风险等级	表征颜色	风险判别要素	
		积水深度/cm	积水历时/min
高	红	≥100	30
较高	粉	≥50	30
中	黄	≥30	30
低	绿	≥15	30

表 2 - 5 　　　　内 涝 风 险 面 积 统 计

风险等级	面　　积/hm²	
	同步情景	异步情景
高（红色）	2.22	1.17
较高（粉色）	8.16	4.92
中（黄色）	15.58	11.18
低（绿色）	19.27	15.85
合计	45.23	33.12

通过典型设计降雨条件的内涝风险分析可知，区域主要内涝风险点包括：芙蓉路下凹桥、玉带河大街下凹桥、六环路下凹桥；京贸国际城二期项目所在地、顺开房地产地块；牡丹路、水仙东路、芙蓉东路、北运河东滨河路、紫运北街等。其中三座下凹桥应为防涝改造的重点。

3. 50 年一遇降雨 + 河道 50 年一遇洪水情景模拟结果分析

试点区 50 年一遇降雨遇北运河流域 50 年一遇洪水，且洪水过程与降雨过程同步情景下，区域内约有 61hm² 的范围积水深度超过 15cm，其中内涝风险区域约为 60hm²，最大积水量约为 32 万 m³，如图 2 - 39 所示。内涝风险区较 20

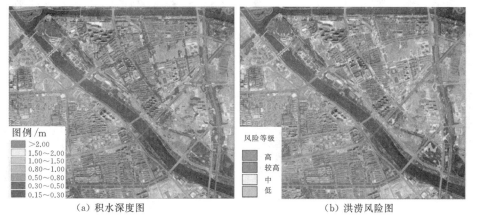

图 2 - 39　彩图

图例 /m
≥2.00
1.50～2.00
1.00～1.50
0.80～1.00
0.50～0.80
0.30～0.50
0.15～0.30

风险等级
高
较高
中
低

（a）积水深度图　　　　　　　　　　（b）洪涝风险图

图 2 - 39　同步情景下的内涝风险情况（50 年一遇降雨 + 河道 50 年一遇洪水）

年一遇洪水位情景扩大约 50%。

4. "7·20" 典型降雨情景结果分析

2016 年 7 月 19 日 1：00—21 日 6：00，北京市出现强降雨天气，此次降雨持续时间长、总量大、范围广，降雨总量超过了 "7·21" 北京特大暴雨。通州站监测数据为自 7 月 19 日 13：10 开始至 21 日 3：50 的降雨数据，总降雨量 226mm。"7·20" 典型降雨过程线如图 2-40 所示。

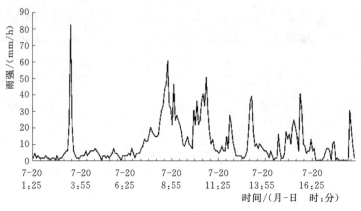

图 2-40　"7·20" 典型降雨过程线

模拟结果表明，模拟范围内存有一定数量的积水点，主要分布在牡丹园西侧、三元村东侧以及河畔丽景东侧等地势低洼区域，如图 2-41 所示。内涝风险点主要包括：玉带河东大街下凹桥；京贸国际城二期项目所在地、顺开房地产地块；牡丹路、水仙东路、芙蓉东路、北运河东滨河路、紫运北街等道路，如图 2-42 所示。积水原因主要是地势低洼和管网排水能力不足。"7·20" 典型降雨情景下积水情况表见表 2-6，"7·20" 典型降雨情景下的区域内涝情况汇总见表 2-7，"7·20" 典型降雨情景下的区域内涝风险面积统计见表 2-8。

图 2-41、
图 2-42 彩图

图 2-41　"7·20" 典型降雨情景下的
内涝积水情况

图 2-42　"7·20" 典型降雨情景下区域的
内涝风险

表 2-6　　　　　　　　"7·20"典型降雨情景下积水情况表

编号	积水位置	积水面积/hm²	最大积水深度/m	积水量/m³	积水原因
1	武夷花园牡丹园西侧	1.78	0.54	3098	地势低洼
2	芙蓉东路京贸家园西侧	0.55	0.57	891	地势低洼，管道能力不足
3	北京小学门前	0.16	0.30	132	管网排水能力不足，地势低洼
4	紫运北街	1.74	1.00	2968	管道能力不足
5	三元村以东绿地	1.05	0.68	2814	地势低洼
6	河畔丽景西侧	1.04	0.54	1156	地势低洼
7	月亮河南侧空地	0.20	0.37	201	地势低洼，管网缺失
8	紫运南里南侧道路	0.17	0.47	161	存在局部低点

表 2-7　　　　　　"7·20"典型降雨情景下的区域内涝情况汇总

积水深度/m	面积/hm²	积水量/(m³/s)	积水量占比/%
0.15~0.3	5.50	11748	44.39
0.3~0.5	2.22	8310	31.40
0.5~1	0.86	5651	21.36
>1	0.06	754	2.85
合计	8.63	26463	100

表 2-8　　　　　　"7·20"典型降雨情景下的区域内涝风险面积统计

风险等级	面积/hm²	占比/%
高（红色）	0.11	1.31
较高（粉色）	0.78	9.26
中（黄色）	2.16	25.65
低（绿色）	5.37	63.78
合计	8.42	100

5. "7·21"典型降雨情景结果分析

2012年"7·21"降雨自7月21日13：40开始到7月22日3：20结束，通州站总降雨量为171.3mm，降雨过程线如图2-43所示。受北运河高水位顶托影响，整个通州区受灾较为严重，此后开展了芙蓉路泵站、玉带河大街泵站等十几座下凹桥的泵站提升改造。本次模拟以改造后的排水条件为基准，目的是验证当前排水系统是否满足要求，是否仍存在内涝风险点。

虽然"7·21"降雨总量小于"7·20"降雨总量，但"7·21"降雨时北运河及运潮减河河道水位高，管网排水条件较"7·20"差，内涝风险明显高于"7·20"降雨事件。通过"7·21"典型降雨条件的内涝风险分析可知，区域主

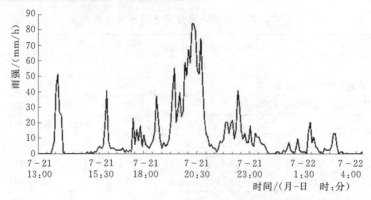

图 2-43　"7·21"降雨过程线

要内涝风险点包括试点区牡丹园西侧绿地、紫运北街全路段、北京小学门前、三元村东侧绿地、通胡大街与运河园交叉路口等，如图 2-44 所示。紫运北街、古城小区北门、朝晖东街与芙蓉路交叉路口积水深度在 0.5m 左右，其余整体积水深度都在 0.3m 以下，如图 2-45 所示。可见，紫运北街、古城小区北门、朝晖东街与芙蓉路交叉路口风险较大。"7·21"典型降雨情景下的内涝积水情况见表 2-9。

图 2-44、
图 2-45 彩图

图 2-44　"7·21"典型降雨情景下的
内涝风险情况

图 2-45　"7·21"典型降雨情景下的
内涝积水情况

表 2-9　　　　　　"7·21"典型降雨情景下的内涝积水情况

风险等级	面积/hm²	占比/%
高（红色）	0.07	0.4
较高（粉色）	1.18	7.3
中（黄色）	4.76	29.4
低（绿色）	10.20	62.9
合计	16.21	100

2.2.1.4 内涝积水原因分析

总结上述模拟结果，结合试点区调研情况，试点区内涝主要原因如下：

(1) 试点区位于北京市排水末端，地势低洼，地势特点导致试点区极易发生内涝。

(2) 区域排水受北运河和运潮减河河道水位制约。约 78% 区域地势低于北运河 50 年或 100 年一遇洪水位 (21.00~21.80m)。其中除 S2、S3、S4 和 S5 分区外，其余所有排水分区的平均高程皆低于 50 或 100 年一遇洪水位。一旦流域发生洪水，区域内雨水依靠自身重力无法排除。

(3) 副中心导致试点区内涝防治标准由原来的 20 年一遇上升至 50 年一遇，原有河道、管网、泵站的能力皆无法满足提标后的防涝标准。如试点区排水管线标准偏低，低于 3 年一遇标准的管段约占 61%，而不满足 5 年一遇标准的管段约占 85%。而泵站中，古城泵站设计标准为 5 年一遇；芙蓉路及玉带河东大街下凹桥泵站的设计标准为 3 年一遇，在 50 年一遇降雨条件下，下凹桥区积水严重。

2.2.2 合流制溢流污染严重

根据现状调研，试点区存在较为严重的合流制溢流问题，本次采用现状污水调查结合人口数据校核现状污水基础流量，之后采用数值模拟手段分析现状合流制溢流发生规律，量化溢流频次及污染负荷。

2.2.2.1 污水基础流量分析

试点区 S3、S4 和 S6 三个排水分区为合流区。据统计，河东再生水厂日均污水处理量在 3.5 万 m³ 左右，服务面积 55km²，试点区位于其服务范围内。基于现状监测数据，结合人口调查复核，东六环以西区域产污量在 1.8 万 m³/d 左右，各排水分区日均污水量统计见表 2-10。

试点区属于雨污合流制，在雨污合流的管道中需叠加现状污水基础流量，以探究雨水合流制的溢流规律。根据监测数据绘制了建成区污水排放时的变化

表 2-10　　　　　　　　各排水分区日均污水量统计

排水分区	污水量/(m³/d)	排水分区	污水量/(m³/d)
S1	1261	S5	698
S2	2880	S6	6535
S3	4606	合计	18421
S4	2441		

系数曲线 (图 2-46)，由该曲线可以看出建成区内的用水高峰主要集中在早 7：00 和晚 19：00 以后，该时段产生的污水量较大。

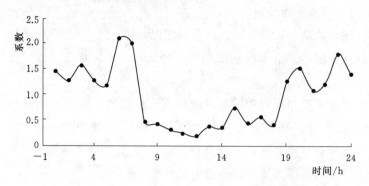

图 2-46　实际监测点污水排放时的变化系数曲线

2.2.2.2　溢流负荷模拟分析

采用 2013—2017 年实测 5min 降雨数据和月均蒸发数据，基于 SWMM 模型模拟现状本底条件下各个合流制排口的溢流情况，统计分析溢流次数及溢流总量。此处溢流次数定义为在降雨发生时，雨污合流水溢流超过溢流堰堰顶的情景，计为 1 次溢流；一场降雨事件可能发生多次溢流情景，考虑后续方案界定合流制调蓄池处理排空时间为 24h，故本次定义处理排空时限内多次溢流合计算为 1 次溢流。

结果表明，由于上游汇水面积较大，S3 排水分区与 S6 排水分区溢流次数平均在 15 次左右，溢流量分别为 7 万 m³ 和 23 万 m³。整体来看，试点区合流制溢流频次和溢流总量较高，对北运河和运潮减河的水质带来不利影响。2013—2017 年主要合流制排口溢流结果见表 2-11。

表 2-11　　　　　　　　　2013—2017 年主要合流制排口溢流结果

年　份	降雨场次	降雨量/mm	S3 排口		S6 排口	
			溢流次数	溢流量/m³	溢流次数	溢流量/m³
2013	48	573.96	14	39408	20	243060
2014	41	643.08	13	65490	17	145932
2015	46	649.92	17	48174	18	233808
2016	46	842.4	13	110808	20	181050
2017	30	706.32	12	88032	13	353850
年均	42.2	683.136	13.8	70382.4	17.6	231540

2.3　因地制宜，确定目标

2.3.1　分区划定

排水分区的划分主要以雨水排河口、合流制雨污水溢流排河口为终点，提取排水管网系统，并结合地形坡度、地表汇流过程与管渠汇流的综合分析来划分排水分区。在排水分区划分的基础上，根据排水分区特点及管控需要，划定管控分区，每个管控分区一般由多个排水分区组成。

2.3.1.1 排水分区划分

在借鉴《北京城市副中心排水（雨水）与防涝工程规划》管网排水布局与边界等成果的基础上，结合试点区内现状地形地貌、高程、地形坡度等因素，将试点区划分为 16 个排水分区，排水分区信息统计见表 2-12。

表 2-12   排水分区信息统计

排水分区编号	面积/hm²	汇水去向
S1	136.34	北运河
S2	37.03	北运河
S3	121.17	北运河
S4	55.29	北运河
S5	16.56	运潮减河
S6	177.84	北运河
S7	29.23	镜河
S8	51.01	镜河
S9	166.74	镜河暗涵
S10	319.26	镜河暗涵
S11	21.80	镜河暗涵
S12	22.78	减运沟
S13	81.46	减运沟
S14	44.49	减运沟
S15	149.75	减运沟
S16	85.46	减运沟

2.3.1.2 管控分区划分

在排水分区划定的基础上，为便于因地制宜制定海绵城市改造或管控策略，将试点区划分为三个管控分区，分别为建成区（S2～S6 分区，约 4.08km²，另有 3.33km² 水域面积）、行政办公区（S7～S11 分区，约 5.88km²，另外有 0.87km² 水域面积）和其他新建区（S1 分，S12～S16 分区，约 5.20km²），试点区排水分区及管控分区划分结果如图 2-47 所示。其中建成区与行政办公区之间由于六环路及京秦铁路的阻隔，水利联系很少。考虑六环路将来入地后建设绿地的规划，行政办公区地块垫高不会对建成区产生不利影响。

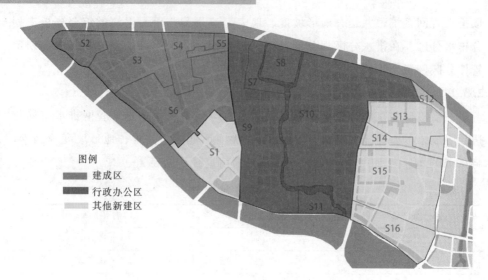

图 2-47 彩图

图 2-47　试点区排水分区及管控分区划分结果

　　建成区的 5 个排水分区中，S2 分区部分区域为待建区，区内管网尚不健全，按照其规划管网和地势划分该分区；S3 分区部分为待建区，部分为商业公建及住宅小区；S4 分区以住宅及商业建筑为主；S5 分区为住宅区；S6 分区为住宅、公建及商业建筑区。

　　行政办公区的 5 个汇水分区中，S9～S11 分区位于行政办公区范围内，根据《城市副中心行政办公区水系工程项目建议书》及《北京城市副中心排水（雨水）与防涝工程规划》，行政办公区新挖镜河并在两侧修建排水暗涵，所有分区雨水皆入镜河，最终排入北运河，以镜河东西侧暗涵为界，将该区域划分为 5 个排水分区，其中 S7、S9 分区雨水进入西暗涵，S10、S11 分区雨水排入东暗涵。除 S10 分区部分地块在建或已基本建成（包含 A、B 两个地块，统称"四大四小"），其他分区基本属于待建状态，以裸地为主。

　　其他新建区的 6 个分区中，S1 分区已建和在建小区 4 个，其他大部分为待建区，以裸地为主；S12～S16 分区位于行政办公区东侧，目前用地规划暂未稳定，基于现有资料，将划分为 5 个汇水分区，各分区皆排入减运沟（试点区范围外）后进入北运河。除 S15 分区现状绝大部分属于城中村外，其余分区皆为待建区，以裸地为主。

2.3.2　目标确定

2.3.2.1　总体目标

1. 洪涝问题得到缓解

鉴于试点区的特殊地位，历史上发生的多次洪涝灾害，试点区建设的首要目标就是消除洪涝风险。

依据《北京市通州区防洪排涝规划》，试点区防洪标准定为 100 年一遇，堤防抵御 100 年一遇的洪水；排涝标准为 50～100 年一遇，其中行政办公区排涝标准为 100 年一遇，其他区域为 50 年一遇；城市雨水管渠设计重现期为 3 年以上，其中建成区为 3～5 年，行政办公区为 10 年，其他新建区为 10 年。

在通州区整体防洪格局建设的前提下，试点区拟通过海绵城市建设，减少源头径流排放，削减入河峰值流量，减缓对河道的行洪压力；并结合管网建设及提标改造，末端防倒灌及排涝泵站建设等措施，疏通排水渠道，增加排涝能力，降低内涝风险。

2. 合流制溢流和面源污染得到削减

试点区特殊的地理位置及发展定位，要求水环境必须达到较高目标。在实现污水"全收集，全覆盖，全处理"的基础上，考虑到建成区主干道路是进出行政办公区的交通要道，短期内进行分流改造将影响行政办公区搬迁及正常办公，故本系统方案在暂时保留合流制的前提下，制定建成区的面源污染治理措施。

建成区合流制溢流污染问题突出，是海绵城市建设需要重点解决的问题。新建区内，为预防由传统开发模式引起的径流激增，冲刷污染物排入受纳水体的现象，面源污染控制需纳入水环境指标体系。结合水环境质量要求、径流污染特征等确定试点区域径流污染综合控制目标为城市面源污染控制率（以 SS 计），结合试点区情况确定城市面源污染控制率（以 SS 计）为 43.2%，行政办公区达到 50%；建成区范围内合流制区域合流制溢流情况得到改善。

3. 强化非常规水资源利用

试点区范围内存在水资源短缺问题，雨水资源回用率低，再生水利用受基础管网制约，用水比例不高。因此，以节约水资源为目标，强化非传统水资源利用，有效替代清水资源，试点区雨水资源利用率目标定为 3%。

4. 年径流总量控制率达到标准

依据三部委对试点区建设的批复，试点区整体年径流总量控制率目标为84%。其中，建成区年径流总量控制率不低于 76%；行政办公区年径流总量控制率达到 85%；其他新建区域年径流总量控制率达到 81%。

5. 老城区居民诉求得到解决

试点区中的老旧小区，由于年代久远，基础设施不完善，存在道路破损，景观效果差的问题，居民改造意愿强。海绵城市建设贯彻将生态、利民融入建设中去这一理念，故在建设过程中要听取、尊重小区居民意见，在完成海绵城市建设指标的同时，合理、合规地满足居民诉求，争取在建设过程中做到利民、惠民，使得老城区居民的小区改造诉求得到解决，提升居民幸福指数。

2.3.2.2 具体指标

在确定年径流总量控制率目标时，综合考虑"年溢流次数不超过 4 次"的"治黑"目标以及"小雨不积水，大雨不内涝"的"除涝"目标，最终确定试点区具体指标，见表 2-13。

表 2-13　　　　　　北京市海绵城市建设试点区建设指标体系

指标名称及分类		试点区域			性质
		建成区	新建区		
			行政办公区	其他新建区域	
水生态	（1）年径流总量控制率	76%	85%	81%	定量（约束性）
		84%			
	（2）生态岸线比率	85%			定量（约束性）
	（3）地下水水位	下降趋势得到遏制			定性（约束性）
	（4）天然水面率	23.2%			定性（约束性）
水环境	（5）水环境质量达标率	100%			定量（约束性）
	（6）城市面源污染控制率（以 SS 计）	43.2%	50%	48%	定量（约束性）
		≥43.2%			
水资源	（7）雨水资源利用率	3%			定量（鼓励性）
水安全	（8）内涝灾害防治标准	50 年一遇	100 年一遇	50 年一遇	定量（约束性）
	（9）防洪标准	100 年一遇，防洪堤 100% 达标			定量（约束性）
制度建设及执行情况	（10）体制机制建设	出台并得到有效执行			定性（约束性）
	（11）规划建设管控制度	出台并得到有效执行			定性（约束性）
	（12）蓝线、绿线划定与保护	出台并得到有效执行			定性（约束性）
	（13）技术规范与标准建设	出台并得到有效执行			定性（约束性）
	（14）绩效考核与奖励机制	出台并得到有效执行			定性（约束性）
显示度	（15）连片示范效应	60% 以上的海绵城市建设区域达到海绵城市建设要求			定性（约束性）

2.4　紧密衔接，编制方案

2.4.1　规划梳理与分析

《北京城市副中心控制性详细规划（街区层面）（2016—2035 年）》和《通州区海绵城市建设专项规划（2016—2035 年）》等上位规划为试点区海绵城市系统化方案编制提供了遵循和依据；在系统化方案编制过程中充分衔接了《通州区防洪排涝规划（2014—2030）》《北京城市副中心排水（雨水）与防涝工程规

划（2018—2035）》《北京城市副中心污水排除与处理工程规划（2018—2035）》等规划，确保系统方案的可实施性。

系统化方案依据《北京城市副中心控制性详细规划（街区层面）（2016—2035年)》提出的海绵城市建设理念，深化海绵城市建设指标，贯彻落实创新编制和管控体系要求，兼顾刚性与弹性，突出特色管控引导，统筹实现多规合一，更好地解决实施目标整体性与分散性之间的矛盾；通过相关设计导则、技术导则实现对海绵城市建设全域管控，对建设指标精细引导，搭建智慧管控信息平台，构建海绵城市建设全范围覆盖、动态可视、高效便捷的信息展示系统，对海绵城市建设全周期进行智慧管理，为海绵城市运行维护提供有力支撑；并依托智慧管控系统，加强全过程信息化监管，统筹安排工程项目实施时序，完善海绵城市建设保障机制，优化调整近期建设计划和年度实施计划，坚持稳中求进，精心实施，提高海绵城市建设质量。

参照《通州区海绵城市建设专项规划》中确定的海绵功能分区、年径流总量控制率目标、排水防涝标准、雨水资源利用率等，根据用地类型的比例和特点深度分解海绵城市建设指标，通过水文计算和模型模拟，结合场地内建筑、道路、绿地、水系等布局，使地块及道路径流有组织地汇入周边绿地系统，充分发挥低影响开发设施的作用，从而实现水安全保障、水环境改善、水生态修复、水资源优化的目标。

试点区内防洪防涝标准将与《通州区防洪排涝规划》中的防洪防涝规划要求相衔接，并搭建洪涝风险评估模型，对防洪防涝系统进行评估和校验，针对未达到防洪防涝标准的点位，统筹源头减排、过程控制、末端治理，建设雨水管渠、调蓄设施、泵站等防洪防涝设施，强排、蓄排、自排相结合，构建局部防洪防涝格局，并与通州区整体防洪防涝格局充分衔接，合理确定试点区防洪防涝格局与通州区整体防洪防涝的空间关系。

系统化方案中防洪防涝标准满足《北京城市副中心排水（雨水）与防涝工程规划》中的防洪防涝规划要求，通过搭建洪涝风险评估模型，对防洪防涝系统进行评估和校验，针对风险成因及存在问题，近远期建设结合，同步建设雨水管道和泵站，充分发挥绿地的调蓄作用，调整竖向高程，综合采取多种工程及非工程措施重点解决积水区域、积水点等排水内涝问题。

系统化方案中落实《北京城市副中心污水排除与处理工程规划（2018—2035)》中的建设目标，根据海绵城市建设汇水分区、现状排水管网布设情况，新建区采用雨污分流制排水体制，建成区分步实现雨污分流。

2.4.2　系统推进思路

试点区海绵城市建设综合考虑水生态、水环境、水资源、水安全等问题，结合"四水"的建设目标，按照建成区、行政办公区和其他新建区等不同管控分区提出一整套系统性的可实施方案。

洪涝防治将统筹源头减排、过程控制和末端治理，建设雨水管渠、调蓄设施、泵站等防洪排涝设施，强排、蓄排、自排相结合，构建局部排涝格局，并与通州区整体防洪排涝格局充分衔接，合理确定试点区防洪排涝建设任务。

针对建成区的合流制溢流污染问题，根据汇水分区、现状排水管网布设情况，分步实施雨污分流。考虑到行政办公区搬迁等因素，在试点区建设期间暂时保持合流制体制，通过在末端建设合流制调蓄池，降低合流制污染频次及负荷。近期采用"源头 LID＋管网工程（管渠清淤和修复、再生水管线完善、增加雨水口防臭装置）＋合流制溢流调蓄池建设＋排涝泵站建设＋防倒灌设施建设＋再生水厂提标改造"的技术路线，远期在近期实施的基础上，采用"源头 LID（远期）＋管网工程（雨污分流、管网提标改造、再生水管线完善）＋改造合流制调蓄池为雨水调蓄池＋排涝泵站建设＋防倒灌措施建设＋再生水厂提标改造"的技术路线，不断加以完善和提升。

新建区统筹防洪排涝、水环境保护、水资源合理利用和水生态保护四大目标，根据《雨水控制与利用工程设计规范》（DB 11/685—2013）和相关规划等管控要求，严格落实各项海绵指标。在充分衔接相关规划的基础上，通过新建镜河、两侧暗涵及排涝泵站工程，配合雨污水管网建设，实现防洪和排涝百年一遇标准；通过源头"渗""滞"、过程"蓄""排"、末端"净""用"、初期雨水收集处理、再生水回用等措施，实现水资源合理利用和水环境目标；通过生态空间管控及水生态修复工程建设实现水生态保护目标。采用"源头 LID＋弃流雨水口＋雨污分流＋雨水调蓄池＋暗涵弃流和调蓄＋镜河调蓄＋生态岸线建设"的技术路线。

2.4.3　建设项目汇总

综合考虑可实施性和完成时限，系统化方案提出建筑与小区、道路、公园绿地、防洪排涝、管网改造、水环境治理、监测与管控平台等 7 类工程，合计 134 项。其中建成区 51 项，包括建筑与小区类项目 28 项，道路类项目 2 项，公园绿地类项目 4 项，防洪排涝类项目 7 项，管线改造类项目 2 项，排口监测类项目 3 项，监测工程类项目 5 项；行政办公区 53 项，包括建筑与小区类项目 18 项，道路类项目 11 项，公园绿地类项目 3 项，管线改造类项目 10 项，水环境治理类项目 2 项，防洪排涝类 8 项，监测工程类 1 项；其他新建区 11 项，包括建筑与小区类项目 4 项，道路类项目 5 项，排口监测类项目 1 项，公园绿地类项目 1 项；整体试点区项目共计 19 项，包括防洪排涝工程 13 项，公园绿地 2 项，管控平台建设 1 项，水环境治理 2 项，管线改造 1 项。

值得说明的是，系统化方案编制过程中仅考虑试点区范围内地块功能明确，并且试点区实施期间能够开工的建设项目，尚未明确地块功能和近期无法施工的建设项目不计入工程量统计。

第 3 章

因地制宜，建设特色鲜明的海绵试点

3.1 滞蓄分排，堰式体系保障防洪安全

3.1.1 遵循千年理水智慧，打造通州堰分洪体系

根据副中心城市发展定位及控规要求，2035 年北京城市副中心防洪标准要由当前的不足 50 年一遇提高至 100 年一遇。防洪标准的提高是一项系统工程，不仅涉及北京市防洪排涝格局的调整，也涉及海河流域的防洪格局调整。为保障副中心防洪安全，传统思路是培高副中心河道堤防，但这种方式不符合副中心发展要求，割裂人水关系。在此背景下，遵循千年理水智慧，借鉴都江堰工程理念，基于自然地势，顺应现代水系脉络，以水城共融为目标，运用现代工程技术手段，合理优化流域防洪格局，统筹考虑全流域、上下游、左右岸，实施分流滞蓄工程，建立"上蓄、中疏、下排"的"通州堰"系列分洪体系，保障城市副中心防洪排涝安全，稳定常水位，为营造安全有活力的亲水岸线提供条件。

通州堰分洪体系与北运河流域和通州区的防洪排涝格局紧密衔接，实现"上蓄、中疏、下排"功能。通州堰分洪体系如图 3-1 所示。"上蓄"主要基于自然地势，修建温榆河、宋庄、坝河、小中河等蓄滞洪区（湿地公园），滞蓄上游来水。"中疏"指利用现状运潮减河，开凿温潮减河，提前将温榆河洪水分流，确保北运河流域发生 100 年一遇洪水时，进入副中心的洪水不超过原规划 50 年一遇的流量。"下排"指完善区域河网，保持下游排水畅通。北运河防洪排涝格局及 50 年一遇洪水安排如图 3-2 所示。北运河防洪排涝格局及 100 年一遇洪水安排如图 3-3 所示。

按照相关规划，整个通州堰系列分洪体系包含北运河上游规划水库及重要蓄滞洪区建设、温潮减河和宋庄蓄滞洪区（二期）建设、温榆河和北运河（通州段）治理、河道蓝绿线划定及建设等多项工程，并会随着后续工程建设不断优化。

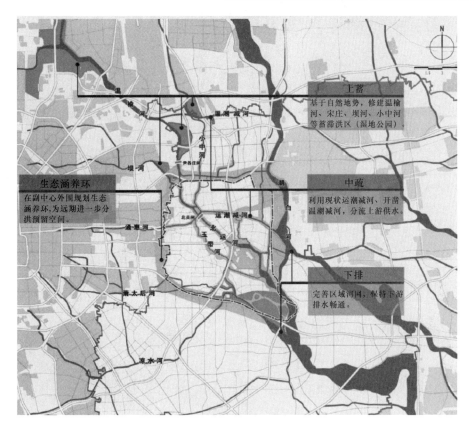

图 3-1 彩图

图 3-1 通州堰分洪体系

3.1.2 衔接流域及区域规划，逐步推进

与已批复的北运河流域防洪规划和既有工程充分结合，按照分期实施和长远预留的原则形成近远期方案。

近期，通过北关和尹各庄闸两个分洪枢纽，实现运潮减河以及新挖温潮减河向潮白河分流 1200m³/s，宋庄蓄滞洪区滞蓄 900 万 m³ 洪水。北运河北关闸下泄流量减少至 50 年一遇标准，维持副中心段北运河现状堤防不加高，除北关闸下 3km 无堤段外，基本实现 100 年一遇洪水不漫溢。同时副中心外围预留生态涵养环，为远期进一步分洪预留空间条件。目前，宋庄蓄滞洪区和温榆河治理工程已经开工建设。温潮减河建设及北运河治理工作尚在设计阶段。

远期，进一步研究北京城市副中心水城共融的目标，明确北关闸下洪水位，下泄流量，北运河堤防高程等边界条件要求，开展北运河流域防洪新格局论证，通过进一步加大上游蓄洪量或向潮白河分洪规模等措施，减少北关闸下泄流量，构建生态安全的防洪体系。

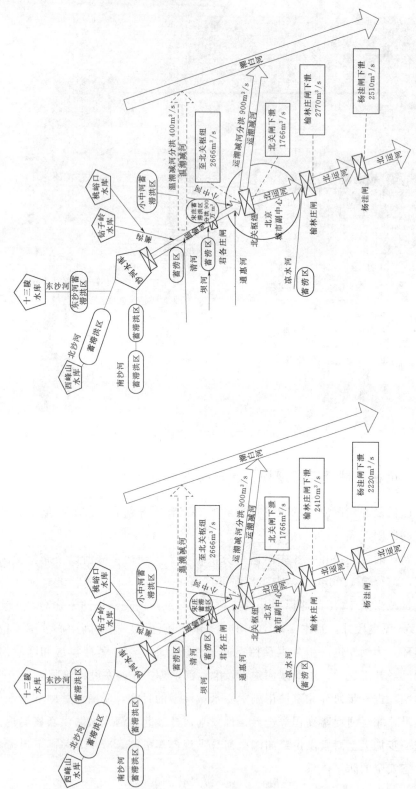

图 3-3 北运河防洪排涝格局及 100 年一遇洪水安排

（来源：通州区防洪排涝规划）

图 3-2 北运河防洪排涝格局及 50 年一遇洪水安排

（来源：通州区防洪排涝规划）

3.1.3　建筑代堤，实现城市用地集约利用

通州堰分洪体系降低了 100 年一遇洪水进入副中心的洪峰流量，但是试点区内存在 3km 堤防不连续，不满足防洪要求（图 3-4）。通过数值模拟，当北运河发生 100 年一遇洪水时，按照北关闸下泄 2200m³/s 模拟，洪水将从京秦铁路上游老堤缺口处漫溢，京秦铁路以西较大范围将被淹没，洪水通过京秦铁路下穿道路桥洞向东继续漫溢至行政办公区范围，淹没面积约 20km²，淹没深度最深达 2m，危及行政办公区的安全。

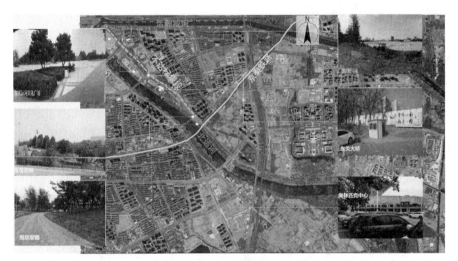

图 3-4　彩图

图 3-4　3km 无堤段位置及现状情况

基于海绵城市建设理念，将精细化的滨水空间建设与防洪防涝体系建设相结合，统筹城市建设与防洪需求，在充分保留现有设施的基础上，采取以建筑代替堤防的建设思路。而北运河上口线至东滨河路之间规划为绿地和部分多功能用地。规划绿地可通过微地形处理，形成连续景观绿带，满足百年堤防高程要求；规划建设用地可通过建筑与堤防融合，兼顾防洪安全和滨水景观。

设计方案首先满足城市堤防防洪标准，能够形成完整连续的城市滨水界面，将堤防与城市建设用地相融合，塑造开放、共享的滨水空间。将 3km 不达标堤防划分为生态展示区、文化休闲区和运动康体区，通过广场、建筑、景观绿化的综合建设与垂向设计，将堤防高度由现状的 22m 提升至 24m，达到 100 年一遇的防洪标准。北运河无堤段改造效果图如图 3-5 所示。

3.1.4　制定临时应急预案，保障近期防洪安全

通州堰防洪体系的完善需要时间，针对当前北运河 3km 无堤段的潜在风险，需要制定临时应急预案。结合试点区特点，采用搭建临时堤防与封堵的方

图 3-5 北运河无堤段改造效果图（来源：通州区海绵城市建设专项规划）

式，形成两道防线。第一道防线是指根据上游来水情况，利用沙袋等防汛物资搭建高 2~3m 的临时堤防。考虑到就近部署、就近抢险的原则，需要建设临时物资储存库。

当第一道防线不成功，洪水会向东漫溢进入行政办公区，考虑到办公区的重要性，需要在洪水进入之前建立第二道临时防线。结合现场地形及数值模拟结果，在京秦铁路下凹桥下封堵效果最佳。京秦铁路方向为东北—西南，斜穿试点区，铁路路基高于地面 2~3m，可形成"天然堤防"，仅需对 5 处下凹桥口进行封堵就能阻止洪水向办公区漫溢。北运河无堤段临时防线布置如图 3-6 所示。

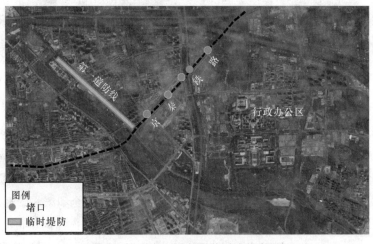

图 3-6 北运河无堤段临时防线布置

3.2 灰绿结合，系统解决现有重大问题

3.2.1 系统思维，将合流制溢流控制与排涝相结合

针对区域的内涝问题，在明确内涝原因之后，拟通过更新各排口末端防倒灌设施，并在 S3 分区和 S6 分区建设排涝泵站等措施，确保试点建成区达到 50

年一遇排涝目标。

针对已建区合流制溢流问题，在源头海绵改造的同时，针对仍无法满足合流制控制目标的排水分区，提出在末端建设合流制调蓄池，确保合流制溢流次数控制在年均 4 次以内。

由于这两项工程都需要在排口末端开展工作，因此可以互相结合，并且同步施工，即防倒灌设施、排涝泵站和合流制调蓄池合建，如图 3-7 所示。

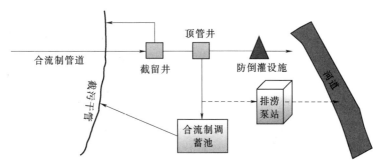

图 3-7　防洪排涝与合流制溢流控制工程合建示意图

3.2.2　基于监测及数值模拟结果，开展科学设计

1. 排涝泵站规模确定

按照建成区 50 年一遇排涝标准，开展排涝泵站设计。该泵站属于区域排涝泵站，且出口为北运河，因此边界条件确定至关重要。边界条件包含三个方面：一是内洪与外涝的频率衔接；二是内洪与外涝的过程遭遇；三是出口泵站及闸门的运行规则。通过咨询专家，最终确定内部排水管渠与北运河衔接水位采用同一频率衔接（即 50 年一遇内涝衔接 50 年一遇外洪），采用 50 年一遇本地涝水与北运河 50 年一遇洪水同频率峰值遭遇的方法确定泵站设计流量。出口泵站外河洪水位未淹没管顶，管道为正常重力流排水；当外河洪水位涨至管顶以上时（淹没出流），以管道内水压线不超出流域地形低点为判断条件，此时应关闭管道出口闸门；出口闸门关闭以前，本地流域涝水自流排除，关闭以后，剩余涝水量则需采用泵排、蓄排方式排除。

采用多点入流方法计算 50 年一遇涝水流量过程，与外河 50 年一遇洪水过程开展遭遇分析，采用内涝与外洪峰对峰遭遇，经计算 S6 分区和 S3 分区的泵站规模分别为 26m³/s 和 18m³/s。经数值模型模拟结果校核，该泵站规模情境下，两个排水分区不存在内涝积水问题。

2. 合流制调蓄池规模确定

经过数值模拟分析，3 个合流制排水分区中 S4 分区通过源头减排可以实现 4 次溢流控制目标，而 S3 和 S6 两个分区经过源头削减和管网截污，无法实现控制目标，剩余污染量需要在末端利用调蓄池进行调蓄。传统调蓄池规模确定方法过于粗放，设计规模过大则造成投资浪费，过小则影响污染控制效果，因此需要科学论证。

本次设计时，提出一种基于长序列高分辨率模拟结果的调蓄池规模确定方法，具体操作如下：

（1）基于源头改造方案，更新现状评估中构建的 SWMM 模型。

（2）输入 2013—2017 年每 5min 降雨数据和月均蒸发数据，开展模拟。

（3）以年为单位，统计每年溢流次数及每次溢流量。将每年的统计结果按照溢流量由大到小排列，建立溢流频次与溢流量关系。

（4）提取每年第 5 次溢流的溢流量，求平均值后作为合流制调蓄池的容积。

将溢流次数定义为在单场降雨的条件下，未经任何处理的雨污合流水溢流过溢流堰，即计为 1 次溢流。一场降雨事件可能发生雨污合流污水多次溢流过溢流堰的情景，综合考虑下游污水处理厂处理能力，本方案定义 24h 内发生的多次溢流合计算为 1 次溢流。

以 S6 排水分区为例，统计 2013—2017 年溢流模拟结果，提取每年不同溢流量由大到小排列的第 5 次溢流量，然后求平均值，将其作为合流制调蓄池的容积，即 11630m³。同理，模拟得到 S3 排水分区合流制调蓄池的规模为 5120m³。玉带河大街排口第 5 次溢流量统计见表 3-1。

表 3-1　　　　　　　　　　玉带河大街排口第 5 次溢流量统计

年份	2013	2014	2015	2016	2017	平均
溢流量/m³	6174	10830	7662	13950	19536	11630

3．综合设计方案

由于 S3 分区和 S6 分区合流制调蓄池与泵站合建，在发生降雨时，合流制调蓄池可以作为调蓄池。但由于通州本底典型降雨为双峰雨，且最大降雨发生在第二个峰值，因此合流制调蓄池在第一个峰值来临后就已经蓄满，不会对第二个峰值进行调蓄，因此合流制调蓄池的建设不会降低泵站规模。

3.2.3　近远结合，充分发挥工程效益

将源头 LID 改造方案作为近期方案，在海绵城市建设期间实施完成。受工期、审核手续、项目选址等问题影响将合流制调蓄池建设定位远期方案，在 2020 年进行施工。远期方案中如果建成区保留合流制，则在合流制区域保留合流制调蓄池，分流制区域增设初雨调蓄池，协同解决道路面源污染问题。如果建成区改建为分流制，则将 S3、S6 分区内两座合流制调蓄池改造为初期雨水调蓄池。

3.3 一河多用，打造平原新区建设典范

3.3.1 区域核心，集四大功能于一体

1. 建设背景

行政办公区是城市副中心对外展示的首要窗口，是绿色生态理念的集中体现，是国际一流和谐宜居之都示范区的重要支撑，规划面积为 6km²。

丰子沟原河道位于行政办公区中轴线附近，北京市委、市政府及委办局办公楼坐落于丰子沟原河道之上。为落实中央要求，加快规划建设北京城市副中心行政办公区，将丰子沟原河道回填，以保障行政办公区建设的顺利进行。由于丰子沟原河道承担着区域的排水任务，回填后区域内排水无出路，规划在行政办公区中部偏西位置新挖丰子沟（后更名为"镜河"），如图 3-8 所示。

图 3-8 彩图

图 3-8 镜河及原丰子沟位置

2. 建设目标及设计标准

依据上位规划，行政办公区防洪标准为 100 年一遇，防涝标准为 100 年一遇。镜河河道建设标准为 50 年一遇设计，规划河道 20 年一遇洪水位基本不淹没规划主要雨水管道出口内顶。镜河 20 年一遇接北运河 10 年一遇洪水位，50 年一遇接北运河 20 年一遇洪水位。镜河规划功能定位为排水、蓄涝兼风景观赏河道。规划水质主要指标达到地表水Ⅳ类标准。

3.3.2 巧妙设计，充分贯彻六字方针

为实现以上建设目标，本工程统筹河道、排水暗涵、排涝泵站以及节制闸

等的设计与建设工作。

为实现行政办公区排涝目标，采用暗涵排水与河道调蓄相结合的理念，即在镜河两侧设置排水暗涵排入北运河，规划雨水管接入暗涵，排水暗涵与初期雨水截流及雨水利用相结合。对于 20 年一遇以下的降雨，充分利用暗涵空间蓄水；大于 20 年一遇的降雨径流，则通过排水暗涵内的侧向溢流堰分流至镜河内调蓄，再经河道末端设置的泵站强排入北运河，以解决区域排水问题并提供蓄涝空间。同时在河道首末端设置节制闸，防止河水倒灌。

为确保河道景观水质，一方面，通过分层取水确保进入镜河的雨水洁净；另一方面，通过河道内部水循环系统，外部水源深度净化措施，保障镜河水质。

考虑到办公区建设对绿化的特殊要求，所有道路机动车道没有采用传统海绵城市建设中利用绿化带消纳道路面源污染的做法，而是采用机动车道建设环保型雨水口＋末端集中收集处理的方式实现面源削减效果。环保型雨水漏斗设计图如图 3-9 所示，环保型雨水漏斗安装使用情况如图 3-10 所示。为确保收集处理效果，整个办公区在规划阶段便开展竖向设计，所有地块、道路都给出

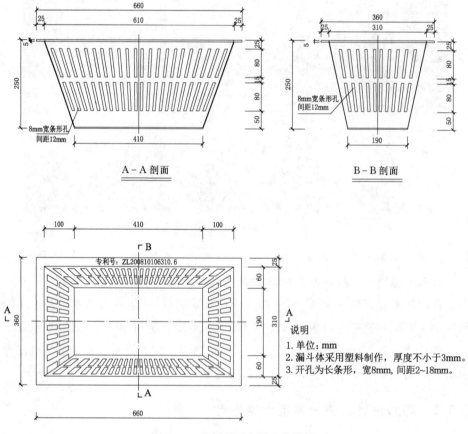

图 3-9　环保型雨水漏斗设计图

竖向控制标高，确保了整个办公区的雨水都能通过竖向向镜河汇集。另外，排水暗涵设置子槽，收集道路初期 15mm 降雨之后进入初期雨水调蓄池，再送入河东再生水厂深度处理。

图 3-10　环保型雨水漏斗安装使用情况

以上措施和手段确保了本工程能够实现排水、蓄涝、景观和面源削减四大功能。镜河工程平面布置如图 3-11 所示，镜河流域排涝体系如图 3-12 所示，排水暗涵设计如图 3-13 所示，镜河末端多功能泵站平面布置如图 3-14 所示。

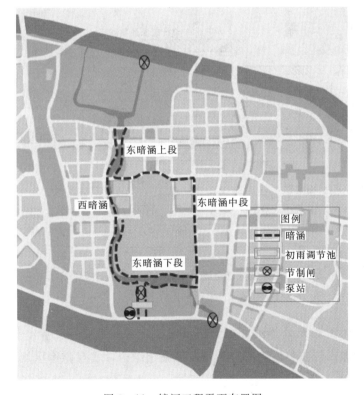

图例
▬ ▬ 暗涵
☐ 初雨调节池
⊗ 节制闸
▆ 泵站

东暗涵上段

西暗涵
东暗涵中段

东暗涵下段

图 3-11　彩图

图 3-11　镜河工程平面布置图

61

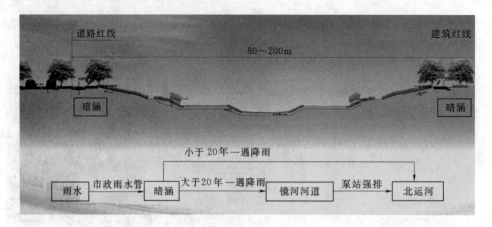

图 3-12　镜河流域排涝体系图

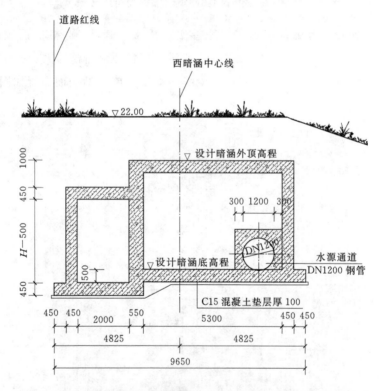

图 3-13　排水暗涵设计（左侧为收集初期雨水的子槽）（单位：mm）
（来源：《行政办公区水系景观工程项目建议书》）

整个镜河工程充分体现了海绵城市理念，充分发挥了"渗、滞、蓄、净、用、排"功能。与源头地块低影响开发措施相结合，实现整个区域年径流总量控制率90%，开发前后径流总量不增反减，污染物削减率达到70%。

渗——将河道开挖的上层黏土用于河底防渗，不仅降低了工程造价，而且

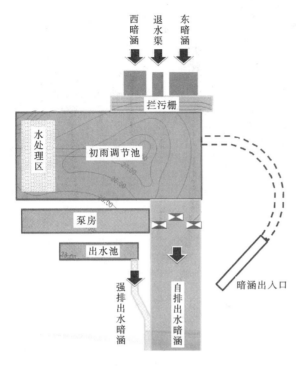

图 3-14　镜河末端多功能泵站平面布置
（来源：《行政办公区水系景观工程项目建议书》）

实现了水流、生物流双向连通，实现了透水透气的黏土防渗河道。

滞——由于河道具有调蓄功能，使得 100 年一遇洪峰流量由 44m³/s 减少为 10m³/s，减轻了对下游河道的防洪压力。

蓄——河道设计了 55 万 m³ 的调蓄空间，可实现径流总量控制率大于 90％。

净——河道岸坡植被净化雨水，水生植物净化河水，具有水质净化和风景观赏双重作用。

用——分层取水，优水优用。初期雨水较脏，排入污水处理厂经处理后转化为中水利用；中段雨水较浑浊，排入北运河利用；末端雨水较清，进入镜河景观水体，补充河道蒸发渗漏损失。

排——暗涵自排与泵站强排相结合，改快速排水为缓释慢排，减轻下游河道防洪压力，同时也保障了行政办公区达到 100 年一遇的排涝标准。

镜河建成后效果展示如图 3-15 所示，镜河两侧透水园路如图 3-16 所示，镜河生态护坡如图 3-17 所示。

图 3-15　彩图

图 3-15　镜河建成后效果展示

图 3-16 彩图

图 3-16 镜河两侧透水园路

图 3-17 彩图

图 3-17 镜河生态护坡

3.3.3 避让文物，分期实施

由于行政办公区规划阶段北部发现古路城遗址，兆善大街以北河道方案需根据总体规划进行调整，该段工程暂缓实施，先期实施兆善大街以南河道。目前南侧工程已经全部完工，于 2018 年 10 月投入使用。北侧工程目前已经完成设计方案编制工作，未来将结合古路城遗址公园的建设同步实施。

3.4 样板带动，顺利启动试点建设工作

试点开展之初，海绵城市各项工作推进面临很大阻力，原因主要是小区居民、属地政府乃至部分政府单位对海绵城市的理解和认识不足，不知道海绵城市是什么，建设后效果如何，一时间工作处于停顿状态。在这种情况下，通州区海绵办提出打造样板工程，向公众形象展示海绵城市。经精心谋划，选择建筑小区、公建、学习三类工程作为样板工程。样板工程建设过程也是海绵城市

探索期，在这一阶段海绵城市建设的管理方、项目业主方、施工方都在不断磨合，总结形成的经验为后期工程的开展提供了良好借鉴。

3.4.1 紫荆雅园小区海绵改造项目

1. 项目概况

紫荆雅园位于北京市通州区，北侧临近堡龙路，西侧临近武夷花园小区，南侧临近通胡路，占地面积为 11.50 万 m²，包含 17 栋建筑，是试点区内首批进行海绵改造的小区之一。

2. 存在问题

该小区内部为分流制排水系统，主要路面为混凝土路面，破碎严重，植草砖停车位破损严重，道路路牙损坏严重，且全部为不透水铺装。场地内部分植被品种单一，景观效果较差，长势部分较差，存在荒地的现象，严重影响景观效果，存在土壤污染路面的现象。

3. 改造思路和设计方案

充分结合小区现状，以问题为导向，以绿色 LID 源头减排设施建设为主，综合采用"渗、滞、蓄、净、用、排"等技术手段，进行海绵改造。小雨时，通过地表径流组织，将硬化屋顶雨水引入生物滞留设施进行净化储存，有条件时净化后雨水通过渗透管排入蓄水模块，蓄水模块内雨水回用于绿地和景观用水。硬化地面一方面通过透水铺装建设，雨水渗入铺装内部，有条件时雨水通过渗透管进入蓄水模块进行回用；另一方面通过在硬化道路侧壁开口路牙，将径流雨水引入其附近的生物滞留设施进行收集储存净化；大雨时，生物滞留设施内的饱和水通过溢流管排入市政雨水管网，过大雨水时通过正常雨水系统进入市政雨水管网排走。小区雨水收集利用排放流程如图 3-18 所示，海绵改造思路及平面布局如图 3-19 所示。

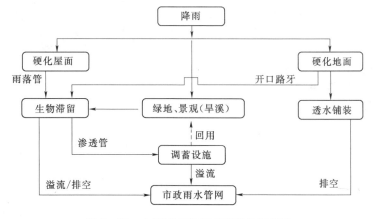

图 3-18　小区雨水收集利用排放流程图

根据小区情况和海绵改造思路，布置四个 LID 典型示范区：西入口 LID 实施示范区（图 3-20）、梧桐大道景观带 LID 体验区（图 3-21）、中轴 LID 成果展示区（图 3-22）、LID 剖面展示（图 3-23），形成"一轴、两带、多节点"的形式。

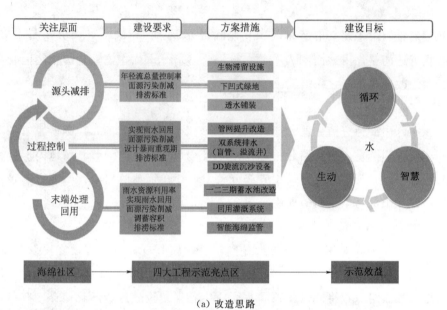

（a）改造思路

图 3-19 彩图

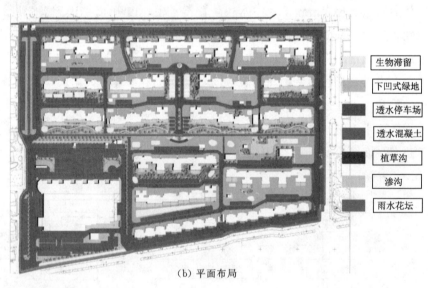

（b）平面布局

图 3-19 海绵改造思路及平面布局

将现状为停车场的地方改造成结构透水停车场，解决停车位植草砖破损问题，并收集周边道路或广场径流雨水。同时增加固定车位，满足小区停车需求，并在变电站附近增加充电桩停车位（图3-24）。将小区较平坦及乔木较少的绿地改造为下凹式绿地，收集屋顶雨水，解决建筑周围雨落管雨水排放造成安全隐患的问题（图3-25）。

图3-20、
图3-21彩图

图3-20　西入口LID实施示范区图　　　图3-21　梧桐大道景观带LID体验区图

图3-22、
图3-23彩图

图3-22　中轴LID成果展示区　　　　　图3-23　LID剖面展示

图3-24　彩图

透水停车场
充电桩透水停车场

图3-24　生态停车场示意图

图 3-25 彩图

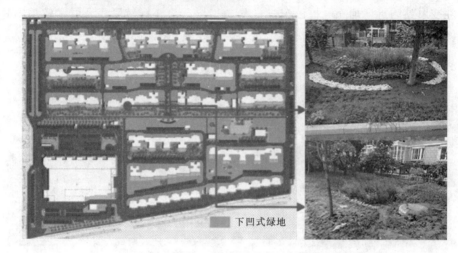

下凹式绿地

图 3-25 下凹式绿地建设布局图

在绿地内设置生物滞留设施，收集屋顶和附近道路雨水，通过分散的生物滞留设施实现雨水收集和净化（图 3-26）。现状混凝土道路改造为透水沥青路面，现状人行道改造为红色透水铺装，实现人车分流，减少雨水径流（图 3-27）。

图 3-26 彩图

生物滞留

图 3-26 生物滞留池建设布局图

增加渗沟，收集微地形绿地中的雨水，解决由微地形引起的雨水倒灌南侧小院的问题（图 3-28）。通过植草沟将分散设计的生物滞留设施联通，既可以躲避管线，又可将 LID 设施尽量集中建设（图 3-29）。

4. 建设成效

在海绵改造中，共建设下凹式绿地 18626m²，雨水花园 3528m²，透水铺装

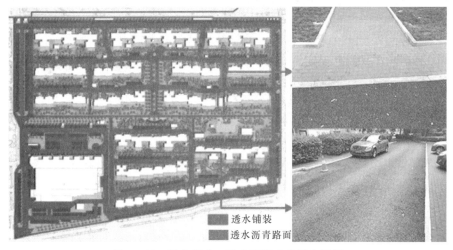

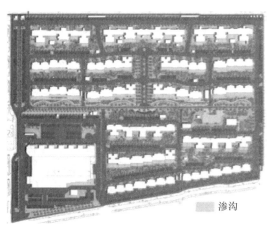

图 3-27 彩图

透水铺装
透水沥青路面

图 3-27 透水沥青、透水混凝土建设布局图

图 3-28 彩图

渗沟

图 3-28 渗沟建设布局图

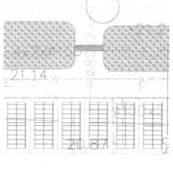

图 3-29 彩图

植草沟

图 3-29 植草沟建设布局图

17134m²，透水沥青路面 23525m²，渗沟 747m，蓄水模块 50m³。通过海绵改造实现年径流总量控制率 84.2%，面源污染削减率不小于 40%，雨水资源利用率达到 3%，设计暴雨重现期为 3 年一遇，排涝标准为 20 年一遇。

3.4.2 BOBO 自由城海绵改造项目

1. 项目概况

BOBO 自由城小区位于北京市通州区，是 2004 年竣工的商业居住区，小区红线总用地面积 151288m²，屋面面积 53322m²，硬化面积 57125m²，绿化面积 38916m²。根据现场踏勘，小区目前采取雨污分流制，建筑密度较低，容积率 2.0。小区共有 27 栋楼，均为板楼，小区范围内没有地下构筑物。

2. 问题及需求

通过现场勘查，小区主要存在以下问题：

（1）小区不透水铺装面积较大，路面破损严重，雨季时场地积水较严重。

（2）小区部分景观水体设施破损严重，水体景观效果有待提升。

（3）部分地被层缺失，存在裸土现象，植物景观效果有待提升，如图 3-30 所示。

图 3-30 彩图

图 3-30 小区裸土现状示意图

（4）再生回用水利用率低，中水水源严重不足，现状绿地灌溉和景观水池补给多使用自来水。

3. 改造思路和方案

通过现场踏勘发现区域内存在生态性差、雨水回收利用率低、地面多积水的实际问题，通过对这些问题进行分析、总结以及研究之后，针对典型问题提出了若干要求和解决方案，制定设计策略、推算指标。同时对试点区域的年径流量、降雨量进行较为详细的科学计算分析，根据计算出的数据进行设计和布局模拟计算，最终根据所有数据调整方案，直到方案满足所有指标要求。改造技术路线如图 3-31 所示，雨水排放路径如图 3-32 所示，海绵设施布局示意图如图 3-33 所示。

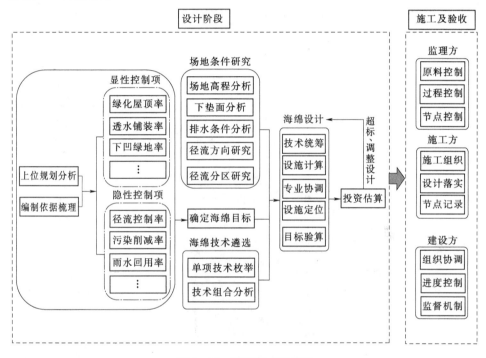

图 3-31 改造技术路线图

4. 建设成效

通过海绵改造措施，BOBO 自由城小区可实现 75％的年径流总量控制率目标，年径流污染（以 SS 计）控制率达到 37.5％，并实现 3％的雨水资源利用目标，年雨水回用量达到 2133m³。通过海绵改造，小区内整体景观得到提升，通过雨水处理系统等技术有效控制了雨水径流污染，实现了降雨的净化，保障了水资源补给，为居民提供了安全舒适的环境，如图 3-34 所示。BOBO 自由城在海绵改造完成后已经多次接待国内外专家学者考察，试点示范带动作用愈发明显。

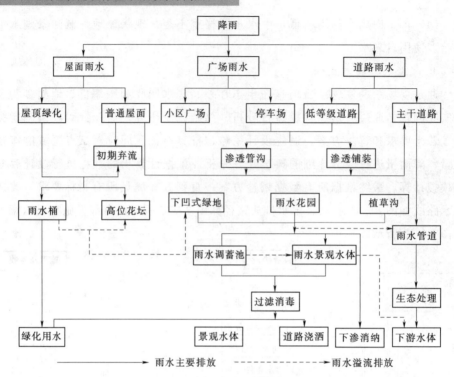

图 3-32　雨水排放路径

图 3-33　彩图

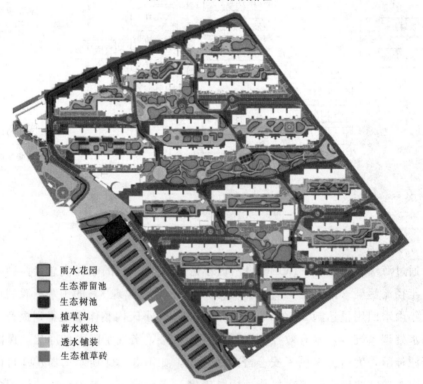

图 3-33　海绵设施布局示意图

图 3-34 彩图

图 3-34　BOBO 自由城改造后效果图

3.4.3　通州文化馆海绵改造项目

1. 项目概况

文化馆北侧紧邻通胡大街，东侧紧邻运河园路，西侧为住宅区，南侧紧邻通州区动物疫病预防控制中心。通州文化馆于 2010 年 12 月破土动工，2013 年 12 月竣工交付使用，总建筑面积约 16000m²。本项目用地南北长约 130m，东西宽约 75m，总用地面积 9012m²，绿化率 30.9%。

2. 问题与需求

通过现场勘查，通州文化馆主要存在以下问题：

（1）东北角的不透水铺装局部存在破损和塌陷。

（2）现植草停车场的渗透性能不佳，地势较低处易出现积水点。

（3）绿地地势较高，不利于雨水进入，雨水资源利用率较低，如图 3-35 所示。

图 3-35 彩图

图 3-35　初始绿地及停车场

（4）文化馆内部已实现雨污分流，但在汇入市政管网之前，存在合流排放现象，同时雨水管网设计能力偏低。

（5）沥青路面雨水通过雨水口直接排至雨水管网，雨水径流污染严重。

3. 改造思路和方案

以问题为导向，以目标为依据，制定海绵改造方案。根据建筑荷载，设计轻型绿色屋顶，并在内排水的基础上加设初期雨水净化设施；因地制宜，科学合理地设计下凹绿地的点位及规模，承接道路及铺装径流；合理利用地下空间，采用分散式雨水调蓄设施，提高雨水资源的利用，并配合设置渗井，提高雨水回补地下水量；拆除合流管线，彻底实现雨污分流；以植草沟为桥梁，连接各绿色设施，提高系统性；景观与绿色设施相融合，提高环境美感。改造方案如图 3 - 36 所示，设施布置如图 3 - 37 所示。

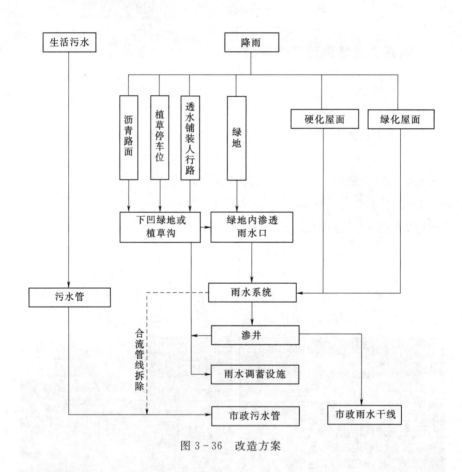

图 3 - 36　改造方案

4. 建成成效

通过海绵改造，可实现 75％ 的年径流总量控制率（对应设计降雨 24mm），SS 削减率达到 37.5％，并全部消除积水点，径流污染明显改善，景观及生态效果明显提升，整个文化馆环境焕然一新，结合项目本身文化特点，设置宣传展板，推广普及海绵理念。下沉绿地及植草停车场如图 3 - 38 所示。

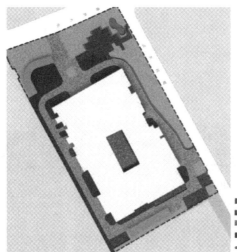

■ 透水铺装(276m²)
■ 植草砖停车位(284m²)
□ 屋顶花园(600m²)
■ 下凹式绿地(1193m²)
— 植草沟(129m²)

图 3 - 37　设施布置图

图 3 - 38　下沉绿地及植草停车场

3.4.4　北京小学通州分校海绵改造项目

1. 地理位置

北京小学通州分校位于通州国家海绵城市试点区内，东邻牡丹路，南接朝晖东街，西邻京贸家园小区，北邻运潮减河。学校占地面积约 2.2hm²，建筑面积约 1.9 万 m²。该学校于 2010 年 9 月建成，共有 38 个教学班，现有教职工及学生约 1900 人。

2. 问题及需求

通过现场勘查，学校主要存在以下三个问题：①现状硬化面积大，径流系数高达 0.82；②因为植物根系生长及雨水散排冲击，导致局部铺装凹陷和破损，下雨易积水，如图 3-39 所示；③现状绿化采用自来水，雨水未能充分收集利用。

图 3-39 彩图

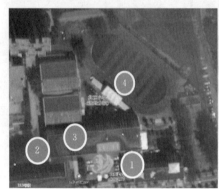

图 3-39 原有积水点分布

在开展海绵改造之前，充分征求了校方意见，学校场地内可设置特色活动区域，校园内透水砖铺设需满足行车要求。

3. 改造思路和方案

在充分尊重校方意见的基础上，以问题为导向，制定海绵改造方案。首先，针对屋面雨水，接入生物滞留池。将建筑物雨水管散排到地表的水，一部分通过透水铺装下渗，一部分引入生物滞留池进行水质净化。当水池雨水超过设计容量时，多余水量通过溢流管井排入市政管网。其次，将硬化、破损的铺装改造为透水、生态铺装。将路面雨水通过雨水收集引入生物滞留池进行水质净化。最后，构建雨水积蓄—净化—利用循环系统，生物滞留池出水和雨水管网末端雨水引入蓄水模块，模块中的水经过净化接入附近中水井，作为补充绿化灌溉用水。改造技术路线如图 3-40 所示，海绵设施及布局如图 3-41 所示。

4. 建设成效

通过海绵改造措施，可实现 70% 的年径流总量控制率目标（对应设计降雨 19mm），年 SS 总量去除率达到 39%，年利用雨水量 800m³，并全部消除积水点。同时海绵改造工程也对景观进行了提升，整个校园环境焕然一新，得到了师生们的交口称赞。为此，该校决定将海绵城市纳入教学课程，以此培养孩子们对海绵城市的认识和兴趣。海绵城市从娃娃抓起，北京小学通州分校走在了全市前列。

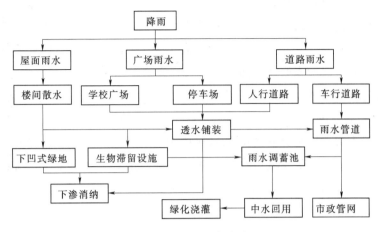

图 3-40　改造技术路线图

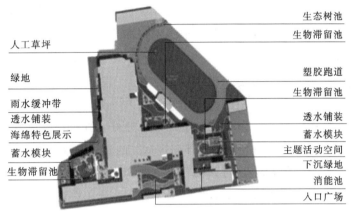

图 3-41　海绵设施及布局

图 3-41　彩图

3.5　以人为本，扎实推动老旧小区改造

3.5.1　统筹兼顾，开展小区海绵改造

1. 因地制宜

根据区域现状下垫面情况及竖向关系，分析改造的空间条件，落实包括下沉式绿地率及下沉深度、透水铺装率、绿色屋顶率、调蓄池容积等组合控制指标。

建筑与小区按照其改造难易程度，充分考虑居民改造意愿和诉求，结合实际情况确定设计指标，合理选择设施类型；绿地根据实际情况，考虑周边客水问题，综合开展设计；道路产生的径流雨水无法靠本地块自身消纳，只能依靠下游设施处理消纳，道路工程本着以问题为导向的改造原则，不一味依靠透水铺装的形式改造道路，不增加工程量，避免为了海绵而海绵。因此本区域内道路结合分流制道路管线改造，同步改造人行道透水铺装、雨水截污挂篮等设施，尽最大可能减少不透水面积，控制径流污染，还原自然状态下的水文循环。

2. 统筹建设原则

海绵城市建设应充分利用满足规划功能要求的现状设施，新建设施与现状保留设施合理衔接，新建项目严格借助控制性详细规划与北京市地方标准管控建设，改建项目则依照本方案执行落地相关设计指标。依据现状建设及下垫面情况，结合方案、地方标准，分期分类计算，既考虑当前实际又兼顾长远发展，系统分析，分步实施。

选取建设绿色基础设施与小规模集水调蓄池联用的方式，对建成区地块进行源头改造；基于雨水资源利用率目标考虑，在源头地块修建小规模集水池，配合 LID 设施削减雨峰，减少径流，集水调蓄池收集的雨水用于小区内的道路浇洒和绿地绿化。

3.5.2 精密组织，做到好事办好

在老旧小区海绵改造工作中，为了把好事办好，真正提高百姓获得感，通州区海绵办充分贯彻了"街乡吹哨，部门报道"的党建要求。在设计方案阶段，党员干部不辞辛劳，多次组织召开民意会，协调属地政府、居委会、物业、居民代表等多方，对海绵改造方案不断修改完善；在施工进场前对项目相关内容进行公示；在进场施工过程中，通州区海绵办人员蹲点现场，确保文明施工，把对百姓生活的影响降至最低；在遇到阻碍无法施工时，通州区海绵办人员耐心解释，不断做工作；施工结束后，持续跟踪，确保运维质量。

经不完全统计，通州区海绵办相关人员深入老旧小区 100 余次，召开专题会议听取群众诉求数十次，处理各类建议、投诉等上百件。

第 4 章

效果初显，打造城市高质量发展样板

4.1 改善人居环境，实现和谐宜居

4.1.1 老旧小区焕然一新

通过海绵城市建设，对试点区内近 20 个老旧小区进行了全面改造，总面积超过 100 万 m²，2 万余居民受益。通过源头低影响开发设施、调蓄设施的建设，解决小区内涝积水问题的同时，也增强和提升了景观，大大改善了生活环境，居民出行不再受积水影响。改造、新增公园广场 6 处，面积达 34 万 m²，扩展了城市居民的休闲游憩空间。海绵城市理念深入人心，海绵工程获得百姓称赞。紫荆雅园小区改造后效果如图 4-1 所示，月季雅园小区改造后效果如图 4-2 所示，新华联运河湾北区改造后效果如图 4-3 所示。

图 4-1 彩图

图 4-1 紫荆雅园小区改造后效果

4.1.1.1 居民雨季出行不便得到改善

建成区通过建设源头低影响开发设施，增加雨水下渗，增强绿地的收水集水能力，并通过建设雨水调蓄设施，缓解管网排水压力。此外，通过防倒灌设施和排涝泵站防止河水倒灌，加快雨水排除。目前建成区内涝积水问题得到有

图 4-2 彩图

图 4-2 月季雅园小区改造后效果

图 4-3 彩图

图 4-3 新华联运河湾北区改造后效果

效改善，例如 2018 年 8 月 8 日大雨，建成区基本没出现严重积水，居民出行便利性大大增强。

4.1.1.2 居住卫生环境得到改善

一方面通过控源截污，即在源头建设 LID 设施以削减污染物，降低径流污染物浓度，另一方面设置雨水口截污设施和垃圾截污设施，防止垃圾进入水体，保护水体周边环境质量的同时降低蚊虫数量。此外，通过疏浚管道底泥和设置雨水口防臭设施，管道及雨水口恶臭问题得到有效缓解。

4.1.1.3 居住景观效果得到改善

建成区通过海绵改造，改造和新增公园广场 6 处，面积达 34 万 m^2，提高了区域内的植被覆盖度；通过合理设置植物竖向布局，充分发挥乔木、灌木、藤本及草本植物的作用，提高绿地生态结构的合理性；而且多种观赏植物，合理搭配，疏密有度，营造了鸟语花香的氛围，打造了舒适的居住环境，扩展了城市居民的休闲游憩空间。

4.1.2 海绵理念扎根孩子心中

海绵要从娃娃抓起。在海绵城市建设过程中，通州区海绵办与区教委密切对接，优先对学校进行海绵化改造。海绵试点期间已经有 6 所学校和幼儿园完成了改造，解决原有积水问题的同时，也提升了校园环境，得到广大师生家长的一致好评，不少试点区外的学校、小区，也向区海绵办提出改造申请。海绵理念通过孩子传递给家长，全社会形成了良好的海绵城市建设氛围。北京小学改造后效果如图 4-4 所示，芙蓉小学改造后效果如图 4-5 所示。

图 4-4 彩图

图 4-4 北京小学改造后效果

图 4-5 彩图

图 4-5 芙蓉小学改造后效果

4.1.3 行政办公区富有海绵气息

北京城市副中心行政办公区承担非首都功能疏解的重要功能，也是海绵城市试点的重要工程。为此通州区海绵办协调行政办公区工程办、北京市发改委、财政局、副中心规划处等多家单位，确保工程建设有序推进。

办公区一期工程包括"四大四小"，即现在北京市委、市政府、人大、政协四套班子，以及建委、发改、财政、规划四个委办局，总面积 1.2km² 。行政办公区建设之初编制了《行政办公区海绵城市专项规划》（后并入《通州区海绵城市专项规划》中），并将海绵指标纳入行政办公区地块控规中，确保设计方案符合海绵城市建设理念。

按照设计方案，共建设有绿色屋顶 2 万 m²，下凹绿地 10 万 m²，透水铺装 5 万 m²，调蓄池 1.5 万 m³。以上海绵设施的设置，有效保障了源头地块海绵指标的实现。办公区蓄水模块施工现场如图 4-6 所示。

图 4-6 彩图

图 4-6 办公区蓄水模块施工现场

北京市政府第一批搬迁正式启动，一期顺利完工，对支撑功能疏解意义重大，而海绵城市建设对办公区的建设至关重要。2018 年 11 月 15 日，北京市政府正式启动搬迁，2019 年 1 月 10 日晚，北京市委和市政府牌匾从位于台基厂大街以及正义路的原办公区摘牌，两块牌匾移交北京市档案馆馆藏。2019 年 1 月 11 日上午，市级行政中心正式迁入北京城市副中心，标着北京市正式进入"一主一副"的时代，也标志着第一批搬迁工作顺利收尾。

在行政办公区配套工程建设中，针对公务员周转房北区、公务员周转房南区、警务中心等重点工程，区海绵办与办公区工程办、市住房保障建设中心等密切沟通，确保工程建设完全按照海绵城市建设理念施工。目前警务中心已经竣工交付使用（图 4-7），公务员周转房北区 5 个地块已经完工（图 4-8），黄

图 4-7 彩图

图 4-7 警务中心建成效果

城根小学也正式开班。在上述工程中，绿色屋顶、透水铺装、下凹绿地、植草沟等海绵设施随处可见，海绵功效持续发挥。

图 4-8 彩图

图 4-8　公务员周转房北区建成效果

4.2　消除黑臭水体，实现清新明亮

4.2.1　实现入通州河流水质达标

海绵城市试点建设前，试点区的北运河、运潮减河局部为轻度黑臭，其原因主要是流域上游的转输污染，为此，北京市开展了水环境治理攻坚战，全面实现入通州的 16 条河道截污治污，建成污水处理厂站 26 座，新建污水管网 206km，改造雨污合流管线 11km，实现黑臭水体治理 53 条段、264km。

通过流域水环境治理，北运河入流断面化学需氧量浓度呈逐渐降低趋势（如图 4-9），氨氮浓度大幅度减小，监测值从 10.6mg/L 稳定在 1mg/L 以下（图 4-10），总磷平均浓度从 2017 年的 0.429mg/L 大幅降低至 2018 年的 0.248mg/L（图 4-11）。

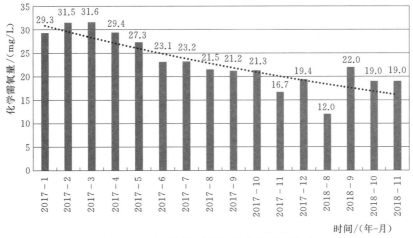

图 4-9　北运河入流断面化学需氧量浓度

83

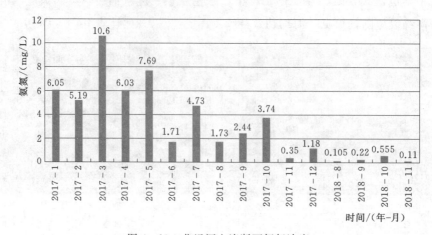

图 4-10 北运河入流断面氨氮浓度

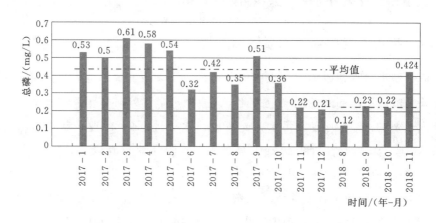

图 4-11 北运河入流断面总磷浓度

4.2.2 有效控制合流制溢流污染

基于试点区海绵城市建设项目改造原则和各排水分区现状，建成区开展海绵改造项目共计 35 项，其中建筑与小区 LID 改造 28 项，园林绿地 3 项，道路改造工程 4 项，最大限度发挥源头地块的海绵改造效果。

在充分利用源头海绵改造进行径流削减的基础上，参考国外合流制溢流控制目标及治理经验，确定试点区合流制排口年均溢流不超过 4 次的控制目标，经过系统模拟与分析，确定在 S3 和 S6 两个排水分区需要通过修建合流制调蓄池来实现控制目标。

4.2.3 大幅削减城市面源污染

对于建筑小区及绿地，全面实现海绵城市建设年径流总量控制率目标要求，严格控制面源污染。对于市政道路，人行道进行透水铺装改造，且将人行步道和车行道初期雨水引入绿化带进行滞留净化。

对于建成区，在源头海绵改造的基础上，结合截污管线及调蓄池等手段，控制面源污染溢流入河。对于行政办公区，通过镜河两侧暗渠收集初期雨水。对于其他新建区，初期雨水分段进入污水支线，并在污水干线的适宜位置设置初期雨水调蓄池，减轻初期雨水对污水管道及再生水厂的冲击。

通过综合模拟分析，整个试点区的SS去除率达到了不小于40%的试点建设要求，有效控制了城市面源污染。

4.3 消灭积滞水点，保障城市安全

4.3.1 运潮减河清淤，行洪能力有保障

运潮减河曾于1987年进行过清淤复堤，河道断面为梯形复式断面。2010年完成北关分洪闸的重建，运潮减河规划防洪标准由原20年一遇提高到50年一遇，北关枢纽的防洪标准按50年一遇洪峰流量设计，按100年一遇洪峰流量校核。设计分洪流量分别为900m³/s和1200m³/s。运潮减河自1987年至今未进行过大规模的河道治理，现状运潮减河由于纵坡较缓，受下游潮白河河水顶托作用，经过历年的汛期分洪及平时蓄水灌溉，致使河道淤积严重，大大降低了运潮减河的行洪能力，为此通过清淤、疏挖、筑堤、石笼护砌等手段，以提高行洪能力。

4.3.2 下凹桥区改造，内涝积水点消除

结合通州全区内涝积水问题，通州区水务局、公路局联合开展了全区下凹桥区泵站提标改造工作，有效解决了因泵站排水能力不足或雨水箅子收水能力不足导致的积水问题。在下凹桥泵站设计过程中，严格执行《下凹桥区雨水调蓄排放设计规范》（DB 11/T 1068—2014），针对初期雨水，按照下凹桥区汇水流域内7～15mm降雨量确定初期雨水收集池的有效容积。降雨结束后将初期雨水排入污水系统，避免河道水体及周边环境污染，如图4-12所示。图中数字表示雨水进入配水井后的配置优先级。

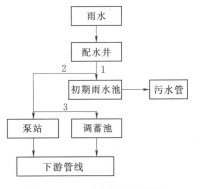

图4-12 雨水处理流程图

芙蓉路泵站、玉带河东大街泵站位于试点区内，于 2016 年 4 月完工，2018 年竣工验收。泵站建成完工以来，历经 3 个雨季检验，下凹桥区内无积水情况发生。目前试点区范围内，内涝积水点已全面消除。玉带河大街泵站现状如图 4 - 13 所示，芙蓉路泵站现状如图 4 - 14 所示。

图 4 - 13　彩图

图 4 - 13　玉带河大街泵站现状

图 4 - 14　彩图

图 4 - 14　芙蓉路泵站现状

4.4 恢复生态系统，实现蓝绿交织

4.4.1 自然水循环过程得以恢复

北京市 2013—2018 年平均降雨量为 671.03mm，多年平均蒸发量为 1308mm。本次采用 2013—2018 年逐分钟降雨数据作为评估年径流总量控制率的降雨输入数据，选取经过率定与验证的模型，模拟分析海绵城市建设后试点区域的径流外排情况以及年径流总量控制率能否达到规划设计要求。具体结果详见表 4-1。

表 4-1　　　　　　　　　2013—2018 年径流总量控制率模拟结果

年份	面积 /hm²	降雨量 /mm	总产流量 /万 m³	建设后总外排量 /万 m³	建设后年径流总量 控制率/%	目标值 /%
2013	1516.21	573.96	870.2	109.3		
2014	1516.21	643.08	975.0	154.8		
2015	1516.21	649.92	985.4	142.3		
2016	1516.21	842.4	1277.3	232.1	84.2	84
2017	1516.21	706.32	1070.9	183.0		
2018	1516.21	610.5	925.6	145.2		
合计	1516.21	4026.18	6104.4	966.7		

以上片区面积统计中均不包括水域面积，其中北运河、运潮减河面积约为 3.33km²，镜河面积约为 0.87km²，试点区域面积总面积为 19.36km²。

由表 4-1 可知，试点区经过 3 年的海绵城市建设，年径流外排量有所降低，84% 的降雨径流被有效控制，满足规划目标要求。从而保障通州区海绵城市试点区域满足海绵城市年径流总量控制率 84% 的要求。

通过海绵城市建设，能够利用海绵设施的调蓄能力减少地表径流外排量，从而实现年径流总量控制效果。通过精细化情景模拟分析，定量分析了 2008—2019 年海绵城市建设前后的逐年水量转化规律，如图 4-15 所示。2008—2019 年试点区平均降雨量 515.2mm，扣除 129.5mm 的实际蒸散发量后，海绵城市建设前共产生地表径流量 218.5mm，地表入渗共 167.1mm。海绵城市建设后，地表径流量减少超过 50%，减少到 92.7mm，减少程度较为显著，而减少的这部分地表径流量主要转化为海绵设施的调蓄量（146.2mm），如图 4-16 所示。海绵城市建设前后的地表入渗量基本一致（减少 20.3mm），其差别主要是由于海绵城市建设后，部分地表入渗作用是海绵设施实现的，这部分被计算在海绵设施调蓄量中。

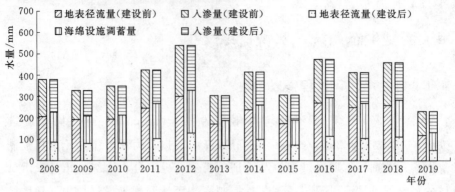

图 4-15　2008—2019 年逐年水量转化模拟结果

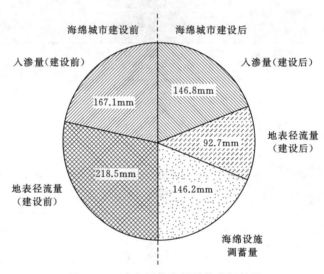

图 4-16　多年平均水量转化分析结果

4.4.2　河道生态空间得以保留

北运河规划河道平面位置基本按现状保留，上口宽度为 290～1030m，规划河道两岸绿化隔离带宽度均为 100m，运河核心区段右岸绿化隔离带宽为 53m，由北关闸至京秦铁路段左岸规划堤防内侧上口线水平向外划定 44m 作为堤防管理范围界线，在堤防管理范围外划定不小于 100m 用地作为堤防工程保护范围。

运潮减河规划河道平面位置基本按现状保留，上口宽度为 155～212m，规划河道两岸绿化隔离带宽度均为 100m。

新挖镜河河道 2.4km，河道宽度 80～200m，常水位河道宽度 20～156m，河岸带宽度 40～50m，是试点区内重要的水域空间。镜河充分贯彻亲水理念，河岸带采用梯级生态护岸。为保证镜河水质，专题制定河道水质保障方案，分河道初次蓄水、长期供水和应急供水三个状态，确定供水水源和水质保障方案。

与此同时，结合"十三五"水专项对镜河水质保障开展研究，采用"长效水质净化＋生物操控＋河道水下森林构建"的技术模式开展生态治理。镜河建设7km的生态岸线建设工程，利用河道两侧绿化隔离带，营造水域"水生植物—湿生植物—陆生植物"逐步过渡，点线面结合、层次多样的景观林带。充分利用河床、滩涂、岸坡，增加储水空间，将雨水留下来；改造硬质铺装，将雨水渗下去；建设河滨带、渗滤沟，将雨水净化好，形成高标准生态岸线。目前镜河水质常年保持在Ⅳ类以上。这部分镜河景观如图4-17所示。

图4-17 彩图

图4-17 镜河景观

4.4.3 一批海绵公园点缀其中

通州海绵城市试点区内开展了减河公园、休闲公园、三元村公园、六环西辅路绿化、玉带河大街绿化工程、行政办公区一期景观绿化工程等一批高品质的公园绿地项目，有效增加了绿地面积，如图4-18、图4-19所示。

图4-18 彩图

图4-18 休闲公园

图 4-19 彩图

图 4-19 减河公园

4.4.4 地下水水位逐步回升

海绵城市建设强调雨水的就地入渗与滞蓄，通过海绵设施增加的入渗量会通过包气带土壤水分运动进入地下水系统，从而抬升地下水水位。依据《海绵城市建设评价标准》（GB/T 51345—2018）中对城市地下水埋深变化趋势的评价方法，利用试点区内的前北营地下水监测井实测数据，分析海绵城市建设工作实施前 5 年至今，即 2011—2019 年的地下水水位变化情况，如图 4-20 所示。

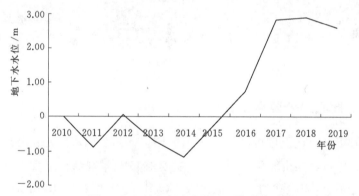

图 4-20 试点区内实测地下水水位

海绵城市建设前，试点区地下水水位呈现波动下降趋势，2016 年随着南水北调来水进入通州，地下水压采以及海绵城市建设使得地下水水位回升明显。

在进行监测数据分析的同时，将地表水模型计算得到的入渗量作为地下水模型（MODFLOW）的输入边界条件，实现海绵城市建设区地表水-地下水松散耦合模拟，初步评估了海绵城市建设对地下水的影响。不考虑未来气候和下垫面的变化，通过海绵城市建设，2018—2028 年试点区内的地下水水位累计升高 0.82m，试点区周边地下水水位累计升高 0.21m，如图 4-21 所示。

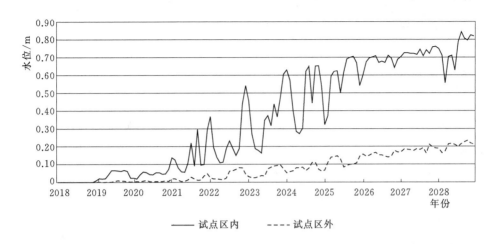

图 4-21　海绵城市建设的地下水回补模拟结果

4.5　优化水源结构，实现绿色发展

4.5.1　补短板，再生水全部回用

河东再生水厂的再生水全部用于河道补水、园林绿化及工业用水等方面，再生水利用率达 100%。

4.5.2　重利用，雨水变废为宝

在总体多年研究经验的基础上，北京市提出了雨水管控的"3、5、7"体系，即新建工程硬化面积达 $2000m^2$ 及以上的项目，应配建雨水调蓄设施，每平方千米硬化面积配建调蓄容积不小于 $30m^3$ 的雨水调蓄设施；凡涉及绿地率指标要求的建设工程，绿地中至少有 50% 的下凹式绿地，以便于滞蓄雨水；公共停车场、人行道、步行街、自行车道、休闲广场、室外庭院的透水铺装率不小于 70%。该要求纳入北京地方标准《雨水控制与利用工程设计规范》（DB 11/685—2013），并作为强条在全市范围内实施，并以水影响评价制度作为管控抓手，实施以来效果良好，在试点区建设尤其是新区建设过程中也充分贯彻了此项要求。在已建区老旧小区改造过程中，结合设计目标和现场场地情况，对于具备条件的建筑小区建设调蓄池。

基于北京现行雨水管控体系，结合海绵城市建设理念，试点区积极开展雨洪资源调蓄利用相关工作，建设雨水桶、雨水模块、调蓄池、调蓄水体等雨水利用设施。雨水资源广泛用于市政杂用、绿化灌溉、景观补水等方面。目前试

点区范围内建成区调蓄设施容积共计 1 万 m³，行政办公区调蓄设施容积共计 12 万 m³，雨水资源利用率达 5.2%。

4.6 示范作用突出，理念全面落实

随着海绵城市试点建设稳步推进，试点区海绵效果初显，洪涝状况严峻、合流制溢流污染严重、非常规水资源利用率低和居民生活环境有待提升等问题均有所缓解，初步实现了"小雨不积水，大雨不内涝，水体不黑臭，热岛有缓解"的目标，得到了社会各界的一致认可，试点示范带动作用明显，试点区外开展海绵城市建设的热情高涨。城市副中心全部区域按照《通州区海绵城市建设专项规划》融入海绵管控要求，比较有代表性的为城市绿心和文化旅游区。

4.6.1 城市绿心——弹性、净水、释放、活力的海绵新典范

城市绿心处于北京城市副中心东南部，西起六环西侧路，北至北运河，西至六环路，南至京津公路，如图 4-22 所示。规划用地东西长约 5.3km，南北

图 4-22 彩图

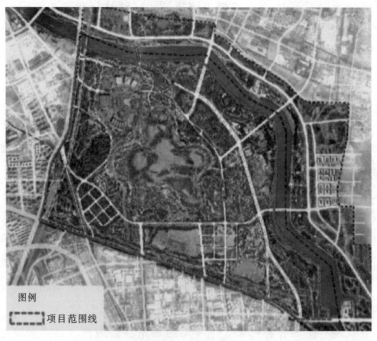

图 4-22 城市绿心范围示意图（来源：《北京
城市副中心城市绿心海绵城市设计方案》）

宽约 5.5km，规划用地面积约 11.2km²，位于"一轴一带"的交汇处，地理位置优越。围绕城市绿心布局着北京城市副中心交通枢纽、行政办公区、张家湾地区等城市重要功能区，通过城市绿心及放射状绿廊建设，构建花瓣式城市空间结构，实现各组团间的景观渗透和联系，促进各组团间的功能有机联动和融合。为落实海绵城市建设理念，城市绿心建设主体组织相关单位编制了《北京城市副中心城市绿心海绵城市设计方案》，并经多轮专家评审，指导后续建设工作。

城市绿心海绵城市建设主要需解决三方面问题。

（1）解决排涝安全的问题。优先考虑把有限的雨水留下来，通过自蓄实现 50 年一遇暴雨有效蓄滞，雨后择机排放保障水安全。

（2）解决面源污染问题。对绿地的面源污染进行有效控制，尤其是对市政道路的初期雨水污染进行有效控制。

（3）实现雨水资源化利用的问题。利用先天优势将有限的雨水资源留下来，用于绿心内部的市政杂用和生态补给，提高雨水资源化利用率。

针对城市绿心需解决问题及规划目标，按照源头减排—过程控制—系统治理的思路形成岸上—岸下共治的海绵城市体系，构建弹性、净水、释放、活力的海绵城市示范工程。绿心海绵城市体系如图 4-23 所示。

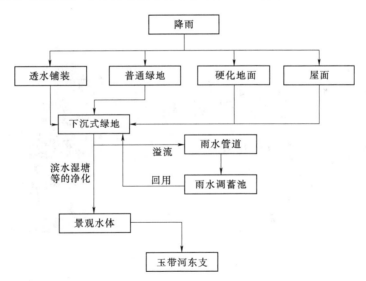

图 4-23　绿心海绵城市体系图

依据海绵城市设计方案，城市绿心主要包括水生态维护、水环境保护、水安全保障、水资源利用和水文化打造五方面建设内容。其中水生态系统维护主要通过灰绿结合并充分利用自身优势构建蓄涝空间，实现对中小降雨的有效控制，保障大到暴雨情况下的排涝安全；水环境保护主要遵循"源头减排—过程控制—系统治理"的思路，按照"岸上—岸下"共治的策略，以源头为主，绿

色优先的理念构建面源污染控制体系，达到"水清岸绿、鱼翔浅底"的美好愿景；水安全保障体系由集雨型绿地、雨水管道、排水明渠、市政过路涵、河湖水体和排水泵站等六大设施组成，共同满足不同尺度雨水收集、下渗、滞蓄、溢流、错峰排放过程的作用和高防护等级设施的安全；水资源利用主要通过区域内的人工湖、蓄滞区湖体等低洼地进行生态空间预留，建设雨水的利用设施进行雨水回用；水文化打造主要根据绿心区域内的水元素发展形态和水文化空间结构特征，构建水文化空间格局。绿心公园内植草沟、雨水坑塘及周边海绵型道

图4-24 绿心公园内植草沟

路如图4-24～4-26所示。

图4-25 绿心公园内雨水坑塘　　　　图4-26 绿心公园周边海绵型道路

4.6.2 文化旅游区——多元融合，海绵展示新窗口

通州文化旅游区成立于2011年，功能定位为集合主题游乐、影视、音乐、演出、体验等各种娱乐功能，建设成中国元素与现代时尚文化相融合的高端文化旅游目的地，成为提升首都文化旅游品质的功能区和集聚文化功能、完善消费功能的重要空间载体。规划面积12km²，与行政办公区和运河商务核心区直

线距离 5km 左右。文化旅游区的一期建设区域环球影城部分已经基本完工，文化旅游区区位图如图 4-27 所示。

图 4-27　彩图

图 4-27　文化旅游区区位图

通过海绵城市建设，文化旅游区主要需解决以下问题：①水安全方面，达到 50 年一遇的排涝标准；②水环境方面，严格控制点源污染与面源污染，确保水体水质达标；③水资源方面，实现上位规划对雨水资源化利用和再生水资源利用的要求；④水生态方面，需划定水域控制线对水域进行控制和保护，并建设健康的自然岸线及自然漫滩，营造多样性生物生存环境。因此，在明确和分析现状的基础上，对照规划目标，提出水生态、水环境、水资源、水安全等方面的建设方案。

在水生态方面，建设健康自然岸线及自然漫滩，营造多样性生物生存环境，恢复河道受损的水生生态系统结构与功能，确保河湖水系生态岸线建设比例达到 90%；在水环境方面，通过构建绿地 LID 设施，建设污水系统及在分流制雨水管网末端或雨水径流进入受纳水体之前建设入渗池、滞留池、调蓄池、雨水湿地和滨水缓冲区等，统筹源头、过程及末端措施控制点源污染和面源污染；在水资源方面，通过雨水集蓄利用和再生水全面替代建筑冲厕用水、绿地浇洒用水、道路浇洒用水、河道景观补水的新水使用，全面提高非常规水资源利用率；在水安全方面，通过构建包括雨水管渠、调节池、排水泵站、LID 设施等在内的小排水系统和包括道路、（大）明渠、（大）暗渠、隧道、排涝河道等在内的大排水系统来构建文化旅游区水安全系统格局。

第 5 章

凝心聚力，探索海绵城市副中心模式

三年多来，通州区海绵城市建设试点探索形成了一套独具特色的海绵城市建设模式，概括为"规划成体系，组织有保障，管控有特色，标准全覆盖，运作很规范，创新驱发展"。

5.1 层次鲜明的海绵城市规划体系

在市级层面《北京城市总体规划（2016—2035 年）》和《北京市海绵城市专项规划》的引导下，区级层面的《北京城市副中心控制性详细规划（街区层面）（2016—2035 年）》《通州区海绵城市建设专项规划》将海绵指标进行详细分解。为支撑试点区建设，专门编制了《北京市海绵城市建设试点区海绵城市专项规划》和《行政办公区海绵城市专项规划》，各层级规划将海绵指标层层分解落实，保证了指标落地，确保目标可达性，也为规划管控提供有力依据。

5.1.1 市级规划为引导

在《北京城市总体规划（2016—2035 年）》编制过程中，同步开展《北京市海绵城市专项规划》编制工作，并将专项规划成果纳入总体规划中。总体规划要求"加强雨洪管理，建设海绵城市""实施海绵城市建设分区管控策略，综合采取"渗、滞、蓄、净、用、排"等措施，加大降雨就地消纳和利用比例，降低城市内涝风险，改善城市综合生态环境。确保到 2020 年 20％以上的城市建成区实现降雨 70％就地消纳和利用，到 2035 年扩大到 80％以上的城市建成区，达到海绵城市建设要求"。

《北京市海绵城市专项规划》作为全市开展海绵城市建设的纲领性文件，编制过程中广泛征求各方意见，经过了多轮专家评审，并根据历次住建部对北京的督导意见，重点对市区两级规划体系构建、系统规划内容及管控流程、达标面积划定方法等方面进行重点修改和完善。规划成果得到了住建部专家的认可，认为"市区两级管控和基于流域系统的污染控制理念，对特大城市海绵城市规划建设具有示范意义"。

在全市海绵城市专项规划的指导下，各区政府启动了区级海绵城市专项规划编制工作。北京市规划和国土资源管理委员会印发了《区域海绵城市专项规划编制技术要求》，对各区专项规划内容及深度提出了明确要求，确保了规划编制质量。同时要求将海绵城市建设的总体目标、总体格局及分区管控要求、主要规划指标及标准、各类涉水设施的规模及布局等纳入总体规划（分区规划），将街区或地块层面海绵城市的主要规划指标及标准、各类涉水设施的规模及布局、竖向控制要求纳入控规，并将涉水设施在控规中予以落地。

5.1.2 区级规划细分解

2018年12月27日，党中央、国务院正式批复《北京城市副中心控制性详细规划（街区层面）（2016—2035年）》，要求将北京城市副中心建设成为绿色城市、森林城市、海绵城市、智慧城市、人文城市和宜居城市，为北京市海绵城市建设提供了遵循、指明了方向。副中心控规批复后编制了《通州区海绵城市建设专项规划》，为城市副中心的12个组团（图5-1）继续深化设计和试点区系统化方案编制提供上位依据。

通州区海绵城市专项规划包含五方面的内容。

1. 厘清问题，精准定位目标

开展大量的调研，厘清副中心存在的外洪内涝、水质不达标、超采引起地面沉降等突出问题，提出通州区海绵城市建设目标，制定包括年径流总量控制率、雨水资源利用率、产业化、连片示范效应等在内的18项指标（表5-1）。分两阶段达到国家海绵城市建设考核要求。

表 5-1　　　　　　　　　　通州区海绵城市建设指标体系

序号	指 标 名 称	指 标 值
1	年径流总量控制率	≥80%
2	生态岸线比例	≥90%
3	地下水水位	遏止下降/遏止下降趋势
4	城市热岛效应	缓解
5	重要地表水功能区达标率	≥95%
6	城市面源污染控制率	根据水功能区达标方案具体确定
7	污水再生利用率	≥90%
8	雨水资源利用率	3%
9	管网漏失率	≤10%
10	内涝防治标准	20～100年
11	饮用水安全	水源地—出厂—管网—龙头水质达标率100%

续表

序号	指标名称	指标值
12	蓝线划定率	100%
13	规划建设管控制度	有
14	技术规范与标准建设	有
15	投融资机制建设	有
16	绩效考核与奖励机制	有
17	产业化	有
18	连片示范效应	有

图 5-1　彩图

图 5-1　组团街区划分示意图（来源：副中心规控）

2. 管考结合，合理划分单元

在北京市海绵城市专项规划的基础上统筹考虑区域特点、面临的主要问题、建设需求等多方面要素，将通州区划分为优化提升区、生态缓冲区、地下水源保护区和水生态敏感区四个海绵城市功能分区。北京城市副中心按照河道流域划分为22个一级管控分区，并将年径流总量控制率分解至二级管控分区，按照雨水管道流域划分156个二级管控分区，其年径流总量控制率取值范围为64.5％～89.9％；按照控规街区划分为12个二级管控分区，其年径流总量控制率取值范围为77.8％～85.3％。北京城市副中心海绵城市建设试点区位于优化提升区。

3. 因地制宜，统筹治水方案

海绵城市系统规划旨在全面统筹源头—过程—末端工程体系，协调绿色和灰色基础设施关系，针对实际问题和规划功能需求，系统解决城市水安全、水环境、水生态、水资源问题。

规划提出构建北运河流域"上蓄、中疏、下排"的防洪格局，保障流域防洪安全。构建北京城市副中心"三横、三纵、一网"的防洪格局，实现副中心100年一遇防洪标准和水城共融的亲水环境；结合竖向规划，采用"强排、蓄排、垫排、自排"相结合的排水防涝方法，确保防涝安全。

通过污水处理厂提标改造等点源治理措施，源头、过程和末端等城市面源治理措施，河道疏浚等内源治理措施和防治农村面源污染控制措施，结合河道生态环境用水补给，实现重要地表水功能区达标率不小于95％的目标。

通过河道蓝绿线划定、建设生态岸线、打造滨水空间、种植乡土植物等措施，实现90％的生态岸线建设目标，修复水生态。

规划充分利用城市蓄涝区及建筑小区配建的雨水调蓄设施存储的雨水，用于绿化灌溉、道路环卫、河湖景观等代替清水资源，加大再生水管线建设，实现雨水资源利用率3％，污水再生利用率90％的目标。

通过漕运文化的展现，重塑历史风貌，串联历史水系遗迹，形成文化游览展示带，传承发展大运河文化内涵。

4. 近远结合，明确建设时序

结合副中心实际情况，围绕水安全保障、水环境改善、水生态修复、水资源优化、水文化发展等方面提出海绵城市系统规划，并提出以试点区、城市绿心、文化旅游区和老城双修区为实施重点片区，以镜河工程、碧水、河东再生水厂改扩建、合流制系统改造、升级改造现状下凹桥泵站为重点建设项目，确保实现近期建设目标。

5. 加强保障，确保措施落地

重点从组织保障、制度保障、资金保障、技术保障、能力保障等方面提出保障措施，确保海绵专项规划落地实施。

5.1.3 片区规划保落实

鉴于党中央国务院对副中心控规的高点定位，在副中心控制性详细规划尚未批复前，为保障试点区前期建设进度和建设质量，特编制了《北京市海绵城市建设试点区海绵城市专项规划》和《行政办公区海绵城市专项规划》。

《北京市海绵城市建设试点区海绵城市专项规划》对试点区内的现状条件进行了详细分析，并结合试点区的功能定位、区域特征等实际，确定试点区海绵城市指标体系，主要有 6 大类、20 项具体指标，并对各级管控单元进行指标分解。规划针对试点区现状和存在问题，提出水安全、水环境、水生态、非传统水资源利用的系统规划，并对工程量及投资进行估算。

5.2　市区联动的专职组织管理体系

海绵城市建设涉及城市建设的方方面面，为保证试点区建设顺利进行，建立了以水务部门牵头的市区两级海绵城市建设领导体系，明确各类建设主体在试点区建设中的任务与职责，并通过各部门协调，发布了覆盖全过程、全方位的技术管理文件，提供强有力的组织保障。

5.2.1　建立水务部门牵头的市区两级海绵城市建设组织体系

市级层面形成了以市政府副秘书长为召集人，29 个部门、区主管负责人参加的北京市海绵城市建设工作联席会议制度（图 5-2），统筹推进本市海绵城市建

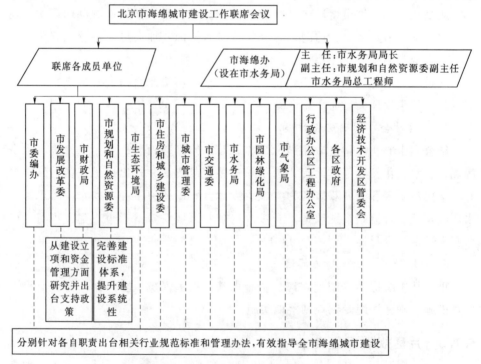

图 5-2　北京市海绵城市建设管理组织体系

设,研究解决工作中的重点难点问题。联席会议下设办公室,设在市水务局。结合本轮政府机构改革,率先成立了全国第一个省级部门的海绵城市工作处(图5-3),作为市水务局的内设处室将长期、专职致力于推进海绵城市建设。

图5-3 海绵城市工作处(雨水管理处)职责定位

通州区成立了以区长为组长的区级海绵城市建设试点工作领导小组(图5-4),下设办公室(简称"海绵办"),办公室设在区水务局,主要承担试点区域海绵城市建设的日常工作,并组建了由海绵办和工程实施体组成的指挥监督体系,通过定期例会和召开专题会议的方式,解决海绵城市建设过程中的问题(图5-5)。

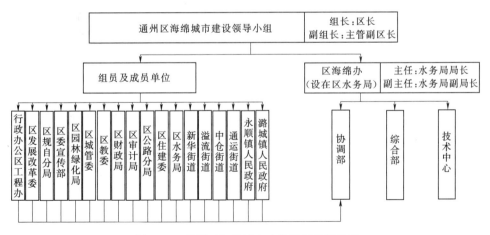

图5-4 通州区海绵城市建设管理组织体系

为贯彻落实《国务院办公厅关于推进海绵城市建设的指导意见》(国办发〔2015〕75号)、《北京市人民政府办公厅关于推进海绵城市建设的实施意

图 5-5　通州区海绵办周例会

见》（京政办发〔2017〕49 号）、《北京市通州区人民政府办公室关于印发通州区
海绵城市建设试点建设管理暂行办法的通知》（通政办发〔2017〕20 号）文件精
神，加快推进试点区域海绵城市建设，北京市通州区人民政府办公室于下发了
目标任务书。目标任务书按照"条块结合"的方式，明确了各个委办局、镇人
民政府、街道办事处的主要职责及绩效考核原则，以各委办局为抓手，积极协
调试点区内各改造项目的推进实施，严格把控各地产及建设单位新建项目的海
绵落实，推进海绵城市建设。

5.2.2　建立覆盖全方位的海绵城市建设管理体系

为加快推进北京城市副中心海绵城市建设工作，结合试点区实际情况，建
立了覆盖全过程、全方位的海绵城市建设管理体系。

在试点建设初期，由北京市通州区人民政府办公室印发了《通州区海绵
城市建设试点建设管理暂行办法》；为完善通州区海绵城市建设工作制度体
系，通州区海绵办印发了《通州区海绵城市建设领导小组办公室周例会制
度》；为加强资金管理，制定了《通州区海绵城市建设试点补助资金使用管理
办法》；为保证建设验收顺利进行，制定了《北京市通州区海绵城市建设"两
审一验"制度暂行办法》和《通州区海绵城市建设试点项目施工巡检管理制
度》；为保障技术服务驻场工作切实有效，制定了《通州区海绵城市建设技术
服务单位驻场工作制度》；为保证档案管理规范科学，制定了《北京市通州区
海绵城市建设档案管理制度》；为加强对雨水系统的管理，制定了《北京市通
州区区域雨水排放管理制度》；为加强海绵城市设施管理，制定了《北京市海绵城
市试点区域建设工程运营维护管理办法》；为规范和指导海绵城市建设项目建设
效果评价工作，制定了《北京市海绵城市试点区域海绵城市建设项目建设效果
评价办法》。

5.3 近远结合的双轮海绵管控体系

试点区基于北京市已有的管控制度，加强规划管控和水影响评价管控，并在建设阶段创新性地实施"两审一验"制度和施工巡检制度，积极探索在水影响评价中纳入海绵管控内容，最终形成了覆盖试点区海绵城市规划、建设、验收及监督检查的全过程管控机制，为北京市全过程管控模式的构建提供了借鉴，流程如图5-6所示。

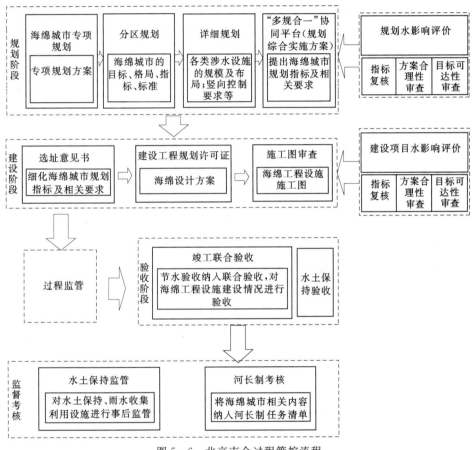

图5-6　北京市全过程管控流程

5.3.1　严格规划阶段管控

在通州区海绵城市专项规划中明确年径流总量控制率等规划目标；在《北京城市副中心控制性详细规划（街区层面）（2016—2035年）》中纳入年径流总量控制率、生态岸线比率、防涝标准等海绵城市指标，并将相关海绵城市指标进一步落实到管控单元、排水分区及地块，同时对竖向控制提出要求；结合本次营商环境改革，北京市构建了"多规合一"协同平台，经平台出具的规划综合实施方案中将落实具体海绵管控指标。目前，在通州区范围内建设项目规划审批过程中（规划条件及选址意见书），必须编制海绵专篇并征求区海绵办意见。

5.3.2　创新建设与验收阶段管控

在积极探索海绵城市规划管控的基础上，针对过程管控，试点区从北京实际出发，开展了创新实践，制定了"两审一验"及"施工巡检"制度。

5.3.2.1　建立"两审一验"制度

"两审一验"制度是指海绵城市专项方案审查、海绵城市专项施工图审查和海绵城市专项验收备案等技术工作。"两审一验"从设计方案、施工图及竣工验收三个关键环节进行把控，确保建设项目的设计方案合理，施工图精细，建设效果达到设计预期。

为确保管控效果以及建设项目能够执行"两审一验"制度，在通州区人民政府办公室发布的《通州区海绵城市建设试点建设管理暂行办法》（通政办〔2019〕20号）中明确要求，试点区域内的新建、改建项目执行"两审一验"程序。通州区海绵办出台了《通州区海绵城市建设"两审一验"制度暂行办法》（通绵办〔2017〕8号），同时发布了《关于印发〈海绵城市建设项目设计专篇及技术审查要点〉的通知》（通绵办〔2019〕14号），为设计人员和审查人员提供技术支撑。

5.3.2.2　建立施工巡检制度

考虑到海绵城市属于新兴事物，部分施工单位对其不够了解，容易造成施工偏差的问题，结合北京市原有雨水工程建设经验和一批试点建设情况反馈，区海绵办发布了《通州区海绵城市建设试点项目施工巡检管理制度》（通绵办〔2019〕6号），建立了"施工巡检"制度。即由北京市通州区海绵城市建设领导小组办公室（以下简称"区海绵办"）统筹、组织试点区域内海绵城市建设项目施工阶段巡检、监督、管理工作，协调解决项目施工巡检工作中存在的问题，确保在施工现场巡检中出现的问题与整改情况及时得到有效落实。区海绵办技术中心（以下简称"技术中心"）负责海绵城市建设项目施工阶段的现场巡检技术指导工作，严格按照海绵城市建设要求、规范与标准，对施工全过程进行巡检，及时发现问题并提出施工整改意见。各项目责任单位及施工单位应建立质量管理体系，确保施工质量；施工监理单位应切实做好监理工作。针对巡检中发现的未按图施工、竖向不合理、工法错误等问题，有效提高了施工质量，同时也避免了因施工质量不合格导致返工的情况发生，节约了建设资金投入。"两审一验"审查样表如图 5-7 所示。

海绵城市建设项目审查意见

项目类型：□新建 □改建 □扩建　　项目阶段：□方案阶段 □施工图阶段 □验收阶段

项目编号：

<table>
<tr><td rowspan="5">基本情况</td><td>工程名称</td><td colspan="5"></td></tr>
<tr><td>建设单位</td><td></td><td>联系人</td><td></td><td>联系电话</td><td></td></tr>
<tr><td>设计单位</td><td></td><td>资质等级</td><td></td><td>证书编号</td><td></td></tr>
<tr><td>送审资料</td><td></td><td></td><td>阶段</td><td colspan="2">□初审　□复审</td></tr>
</table>

<table>
<tr><td>技术审查意见</td><td>主要审查人：

日期：　年　月　日</td></tr>
<tr><td colspan="2">审查结论：

　　　本海绵城市建设项目经审查□通过 ☑未通过。请建设单位根据技术审查意见，完善后续工作。

　　　　　　　　　　　北京市通州区海绵城市建设领导小组办公室
　　　　　　　　　　　　　　　　　年　月　日</td></tr>
</table>

图 5-7 "两审一验"审查样表

在试点建设过程中，发现部分由市级审批的建设项目因不了解海绵城市建设管控要求，没有能够很好地执行"两审一验"制度，基于此问题，通州区海绵办与北京市水影响评价中心、通州区水务局共同建立了海绵城市联动管控工作机制。本机制的建立遵循不新增审批环节、不新增审批内容、不增加审批期限的原则，所有工作内容为三方内部工作流程的整合。具体流程如下：北京市水影响评价中心、北京市通州区水务局接到建设项目水影响评价审查申请后，若项目位于试点区范围内，及时将信息推送给通州区海绵办。通州区海绵办负责审核该项目是否执行"两审一验"流程，若不执行，则限时反馈，建设项目执行原有水影响评价审批流程；若执行，则通州区海绵办按照相关要求开展审查并出具审查意见。通州区海绵办在5个工作日内需出具审查意见，也可采取联审会议形式配合做好市、区两级建设项目水影响评价审批工作。该制度实施后，现有多项市级审批的项目建设方及设计方收到水影响评价中心的通知，来通州区海绵办咨询海绵审查事宜，确保了区海绵办对试点区内所有建设项目的管控。试点区管控机制流程如图5-8所示。

5.3.3 探索开展水影响评价纳入海绵管控内容

借助水影响评价审批制度改革契机，将海绵城市管控要求纳入审批内容，通过对方案进行评审，可有效改变"重水量轻水质、重收集轻回用、重灰色轻

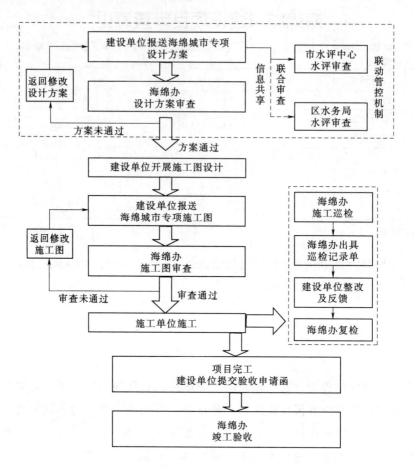

图 5-8　试点区管控机制流程

绿色"的做法。基于水影响评价的海绵城市建设管控体系更加突出水资源、水环境、水安全在城市规划建设管理各阶段的约束作用，是落实"以水四定"的具体措施，具有北京超大型缺水城市的鲜明地方特色。

水影响评价制度是北京市"3、5、7"雨水管控体系的有效抓手，具有鲜明的北京地方特色。水影响评价制度实施以来，北京市在雨水管控方面取得了巨大进步。海绵城市理念提出以来，北京市积极探索将海绵管控内容纳入水影响评价中。为此，由通州区海绵办联合市水影响评价中心专题立项"基于水影响评价的海绵城市管控机制研究"，结合北京市营商环境改革契机，在深入分析试点区海绵管控和北京市雨水管控体系存在问题的基础上，从内涵、内容和指标三个方面论证了水影响评价与海绵城市两者的关系（表 5-2），并采用公式计算、多年实测分析和模型模拟分析，得出了对于新建区域，现有雨水管控体系完全可以实现海绵城市对年径流总量控制率的要求，但对于老旧小区改造及道路类建设项目，现有水影响评价制度无法实现海绵城市建设目标。在此研究结论的基础上，提出了基于水影响评价的海绵城市管控的要点，包括纳入关键指标、抓住关键项目、加强验收管控三个方面，并给出了近期和远期实施路径。

表 5-2   水影响评价指标与海绵城市指标的相关性

编号	水影响评价审批指标 A	海绵城市评价指标 B	A 与 B 的关系
1	建设后外排综合径流系数	年径流总量控制率	存在转换关系
2	内涝防治标准	内涝防治标准	完全一致
3	防洪标准	防洪标准	完全一致
4	再生水取水量	非常规水资源利用率	被包含与包含关系
5	下凹绿地率	年径流总量控制率 年径流污染物削减率 地表水环境达标率	实现途径和实现效果的关系
6	透水铺装率		
7	总调蓄容积		

2021 年 1 月，北京市水务局、北京市规划和自然资源委联合印发了《北京市区域水影响评价实施细则（试行）》和《北京市区域水影响评价报告编制指南（试行）》（图 5-9）。在此文件中将海绵城市内容作为独立章节纳入水影响评价中，标志着北京市海绵城市管控进入了一个新的阶段。

图 5-9　文件发布通知

5.4 覆盖全面的技术标准规范体系

自 20 世纪 90 年代初，北京在全国首次提出了城市雨洪利用的概念，先后经历了科学研究、试验示范、发展推广三个阶段。针对不同阶段的发展特点，制定了一系列标准规范，为试点区的建设做好了铺垫。试点区建设过程中，又相继出台多项针对试点区的技术标准，保证试点建设全过程的规范性。

5.4.1 完善市级标准规范体系

在推广阶段初期，重视"资源利用、化害为利"，发布了《透水砖路面施工与验收规程》和《透水混凝土路面技术规程》等 2 项地方标准。2013 年起，雨水管理的重点从水量管理扩展到水量水质双管，发布了《雨水控制与利用工程设计规范》（DB 11/685—2013），标志着北京市雨水管控工作正式进入规范阶段。此外，还出台了《下凹桥区雨水调蓄排放设计规范》（DB 11/T 1068—2014）、《城市建设工程地下水控制技术规范》（DB 11/T 1115—2014）、《屋顶绿化规范》（DB 11/T 281—2015）等技术文件。

2015 年，进入海绵城市综合管控阶段，针对以往标准规范中存在的问题及不足，采用修编新编结合的方式，逐步完善标准规范体系。规划方面，编制了《城市雨水系统规划设计暴雨径流计算标准》（DB 11/T 969—2016）、《海绵城市规划编制与评估标准》（DB 11/T 1742—2020）。设计方面，编制了《集雨型绿地工程设计规范》（DB 11/T 1436—2017）、《海绵城市建设设计标准》（DB 11/T 1743—2020）。目前正在修订《雨水控制与利用工程设计规范》，将更多海绵城市理念和要求纳入其中，并拟将规范上升至京津冀地标。施工验收方面，发布《雨水控制与利用建筑与小区》（15BS14）、《雨水控制与利用工程设计规范配套图集（市政工程）》（PT-685）标准图集 2 项；发布《海绵化城市道路系统工程施工及质量验收规范》（DB 11/T 1728—2020），在编《雨水控制与利用工程施工及验收规范》。监测评估方面，编制了《海绵城市建设效果监测与评估规范》（DB 11/T 1673—2019）、《城市雨水管渠流量监测基本要求》（DB 11/T 1720—2020）。

据统计，目前在施行的海绵城市地方标准 11 项、标准图集 2 部，在编的地方标准 8 项，基本覆盖规划、设计、施工、监测和评价等环节，如图 5-10 所示。

在此重点介绍有代表性的相关标准。

1.《雨水控制与利用工程设计规范》（DB 11/685—2013）

为实现雨水资源化管理，减轻城市内涝，使北京市雨水控制与利用工程做

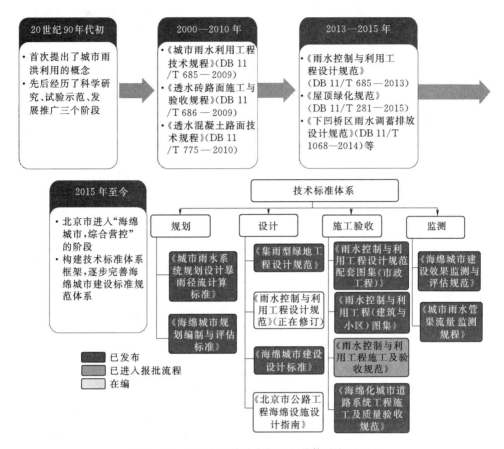

图 5-10　北京市海绵城市标准规范体系发展历程

到技术先进、经济合理、安全可靠，编制了该标准。标准中规定了建筑与小区、市政工程的雨水控制与利用规划和利用形式，确定了北京市"3、5、7"的雨水管控体系。要求建筑与小区雨水控制与利用工程的设计标准，应使得建设区域的外排水总量不大于开发前的水平，并满足以下要求：

（1）已建成城区的外排雨水流量径流系数不大于0.5。

（2）新开发区域外排雨水流量径流系数不大于0.4。

（3）外排雨水峰值流量不大于市政管网的接纳能力。

新建工程硬化面积达 $2000m^2$ 及以上的项目，应配建雨水调蓄设施，具体配建标准为每千平方米硬化面积配建调蓄容积不小于 $30m^3$ 的雨水调蓄设施；绿地 50％为下凹绿地；透水铺装率不小于70％。

2.《海绵城市建设效果监测与评估规范》（DB 11/T 1673—2019）

为监测和评估不同尺度的海绵城市建设效果，针对北京实际特点，在国家海绵城市建设评价标准编制的同时，北京也启动了地方标准编制工作。该标准中规定了典型源头减排设施与场地、片区、城市尺度海绵城市建设效果监测、指标计算和评估方面的内容。

标准中的效果监测可分为具备监测条件和不具备预测条件两类情况，对具备监测条件，规定了监测时长、监测降雨场次，对不具备监测条件的，规定了表征指标。

标准中对不同尺度海绵城市建设效果提出了对应指标，并提出了海绵指数的概念以表征建设效果。

3.《海绵城市规划编制与评估标准》（DB 11/T 1742—2020）

随着新一轮各层级城乡规划编制的启动和深化，以及规划体检评估工作制度的确立，为补充海绵城市规划编制和评估的相关标准要求，为全市海绵城市规划建设工作提供支持，特编制此标准。

规范共分总则、术语和符号、基本要求、规划编制、规划评估、附录六部分。标准适用于北京市行政区域内城市总体规划、分区规划、详细规划、乡镇域规划中的海绵城市规划部分和海绵城市专项规划编制，以及海绵城市规划实施评估。

4.《海绵城市建设设计标准》（DB 11/T 1743—2020）

为贯彻落实党的十九大精神，推动《北京城市总体规划（2016—2035 年）》实施，按照原北京市规划和国土资源管理委员会《北京市"十三五"时期城乡规划标准化工作规划》和北京市质量技术监督局《关于印发 2017 年北京市地方标准制修订项目计划的通知》（京质监发〔2017〕2 号）的要求，编制组总结了近年来北京市建筑与小区、城市道路工程、公共绿地及广场、水体生态修复等工程海绵城市建设和既有片区的海绵化改造工程设计和建设经验，参考了国家海绵试点城市建设的经验，在广泛征求意见的基础上制定本标准。

本标准共分 10 个章节即总则、术语、基本规定、建设目标、总体设计、建筑与小区、历史文化街区、城市道路、城市绿地与广场、城市水系以及附录。

值得一提的是，本规范在附录中给出了设计方案及施工审查要点，为下一步开展海绵方案审查提供了技术支撑，见表 5-3 和表 5-4。

表 5-3　　　　　　　　　设 计 方 案 审 查 要 点

序号	内容	审 查 要 点
1	项目概况	项目类型、区位、规模、土壤与地下水条件、下垫面情况、竖向及排水条件、问题与需求等分析是否全面、准确
2	设计依据	国家、北京市相关标准、规范、规程、指南及上位规划、审批文件等依据是否正确

续表

序号	内容	审 查 要 点
3	设计标准	年径流总量控制率、年径流污染削减率（以 SS 计）、雨水资源利用率
4	技术路线	是否符合项目定位、问题与需求、设计标准要求
5	整体方案	排水分区划分、设施选择及布局、竖向衔接、规模计算过程是否合理
6	目标校核	各指标校核是否达标
7	投资估算	各项设施单价及总投资是否合理
8	相关图示	下垫面情况分析、竖向及排水分区划分、海绵城市设施布局、排水管网设计等图示是否齐全

表 5-4 施工图设计审查要点

序号	内 容		审 查 要 点
1	施工设计说明	项目概况	项目区位、占地面积、现状建设情况等
2		设计依据	国家、北京市标准、规范、规程、指南及上位规划、审批文件等依据是否正确
3		建设目标	项目建设目标是否明确，包括年径流总量控制率、年径流污染削减率（以 SS 计）、雨水资源利用率、雨水管渠设计重现期、内涝防治设计重现期等（建议采用表格形式）
4		计算	应提供指标校核、设施规模的计算书
5	设计图纸	排水分区和径流组织	分区边界、径流组织设计是否结合竖向高程与管网布局，表达是否清晰
6		设施平面布局	各设施平面布局是否合理，表达是否清晰
7		设施竖向控制	设施进出口、坡度、坡向、设计标高表达是否清晰、准确
8		排水管网设计图	连接各设施排水管或溢流管的坡度、坡向、尺寸、标高是否合理，管网尺寸、坡度是否达到设计标准
9		重要设施详图	重要设施、复杂部位局部节点需附详图。重点审查与周边场地衔接是否合理，平面图、剖面图是否完善合理

5.4.2 制定试点区标准技术体系

在北京市标准规范体系的基础上，试点区先后有针对性地编制了《北京市海绵城市试点区域管控平台建设要求》《北京城市副中心海绵城市建设技术导则》《北京市海绵城市试点区域低影响开发设施施工、验收、管理养护指南》《海绵城市建设项目设计专篇及技术审查要点》《通州区海绵城市评价导则》《北京海绵城市典型设施植物选型导则》《北京市海绵城市试点区域海绵城市模型模拟技术导则》《北京城市副中心海绵城市管理技术指南》等相关技术标准，覆盖试点区海绵城市规划、设计、施工、验收等各个环节，解决了试点区海绵城市建设项目在建设过程中无规划引导、无技术参数、建设后竣工验收无标准的问题。

5.4.2.1 《北京城市副中心海绵城市建设技术导则》

为实现北京城市副中心海绵城市建设的目标，提高北京城市副中心海绵城市建设的科学性，指导海绵城市建设相关规划编制和项目设计、施工、管理与评估，编制了《北京城市副中心海绵城市建设技术导则》（以下简称"技术导则"），提出以"修复城市水生态、涵养城市水资源、改善城市水环境、保障城市水安全、复兴城市水文化"为总体目标，对海绵城市建设的年径流总量控制目标、年径流污染控制目标、雨水资源利用目标、水环境改善目标和排水防涝建设提出了具体的指标。技术导则要求北京城市副中心整体年径流总量控制率为 85%，其中国家海绵城市建设试点区为 84%，行政办公区为 90%，其他区域建设项目的年径流总量控制目标应综合考虑多方因素，根据实际情况合理确定；城市建成区年径流污染控制率规划目标不宜低于 40%，新建区不宜低于 55%；城市副中心雨水资源利用率不宜低于 3%，其中建成区不宜低于 3%，新建区不宜低于 5%，行政办公区不宜低于 7%。针对源头地块开发，新建工程严格执行北京市"3、5、7"雨水管控要求。针对市政排水标准，一般区域和道路的管渠设计重现期不低于 3 年，重要地区和道路取 5 年，行政办公区等特别重要区域取 10 年，地下通道和下沉式广场等取 30～50 年。北京城市副中心内涝防治标准为整体不低于 50 年一遇，行政办公区不低于 100 年一遇。

技术导则对海绵城市建设的全过程作出了明确的技术规范，包括现状调查、上层规划、系统方案、项目设计、施工、竣工验收、维护管理，规范了城市副中心海绵城市建设，保障了海绵城市建设质量。

5.4.2.2 《北京市海绵城市试点区域低影响开发设施施工、验收、管理养护指南》

为加强北京市海绵城市试点区域低影响开发设施施工管理，确保工程质量，提高经济效益，统一和规范低影响开发设施的施工与验收、管理与养护，通州区海绵办组织有关技术单位编制了《北京市海绵城市试点区域低影响开发设施施工、验收、管理养护指南》，对渗透设施、蓄水设施、调节设施、转输设施、截污净化设施作了一般规定，并对施工和验收作出了明确要求，规范了海绵城市建设过程中各种设施建设效果的统一性，建立了各项设施维护管理的管理制度，确保工程安全运行。

5.4.2.3 《海绵城市建设项目设计专篇及技术审查要点》

为有序推进北京城市副中心海绵城市建设，规范指导海绵城市建设项目设计及审查工作，发布了《海绵城市建设项目设计专篇及技术审查要点》。《海绵城市建设项目设计专篇及技术审查要点》对海绵城市建设项目方案设计专篇及施工图设计作出了具体要求，包括项目概况、设计依据、设计标准、技术路线、整体方案、效果评估、投资估算、相关图示、施工设计说明、种植施工说明与图纸等。

海绵城市建设项目方案设计专篇及施工图设计依据《海绵城市建设项目设计专篇及技术审查要点》规定内容进行审查，保障了项目设计的统一性和规范性，提高了海绵城市的建设质量。

5.4.2.4 《北京海绵城市典型设施植物选型导则》

为指导北京市海绵城市建设，加强新建、改建和扩建的建筑与小区、城市道路与广场、城市绿地、城市水系等海绵城市工程中种植部分的设计、栽植和养护管理，发布了《北京海绵城市典型设施植物选型导则》，对植物的选择作出了具体要求。

雨水设施植物的选择应遵循如下原则：

（1）植物耐淹性应与设施排空时间相匹配，植物耐淹时间不宜小于24h。

（2）宜根据雨水设施内的蓄水深度、径流水质、日照条件、土壤类型及坡度、周边设施及植被现状等因素，有针对性地选择抗逆性强的植物。

（3）应优先选择乡土植物和引种成功的外来植物，不应选择入侵物种或有侵略性根系的植物；宜选择维护管理简单的植物，建设节约型城市绿地。

（4）应兼顾植物的生态、美学与环境教育价值。

（5）在使用融雪剂的地区，融雪有可能进入的雨水设施宜选择耐盐植物，或将含有融雪剂的径流排入雨水管网。

（6）雨水设施位于车库顶板上边的，应考虑覆土厚度，宜选择浅根系植物，以灌木或草本植物为主。

依据《北京海绵城市典型设施植物选型导则》，在海绵城市雨水设施设计、施工、养护管理时，创造适宜植物生长的环境条件，保持植物生长健壮，充分发挥了植物改善水力流态、去除污染物、改善生态环境等方面的作用，保障了海绵城市建设的成效。

5.4.2.5 《北京市海绵城市试点区域海绵城市模型模拟技术导则》

为规范和统一海绵城市数值模拟工作，提高海绵城市建设各环节的科学性和可比性，编制了《北京市海绵城市试点区域海绵城市模型模拟技术导则》，指导海绵城市建设数值模拟工作中模型构建与测试、模型率定与验证、模型模拟与应用、模型维护与更新等方面。要求海绵城市试点区开展海绵城市建设过程中，应构建海绵城市模型，以模型模拟结果作为规划、设计和运行管理的重要依据，并对模型应用原则和基本流程、模型构建、模型测试、参数率定与模型验证、模型模拟与应用、模型维护与更新进行了规定。

该导则规范了模型的使用方法，对年径流总量控制率计算、年污染总量控制率计算、洪涝风险评估等方面进行了规定，保障了模型的标准化、规范化使用，提高了海绵城市建设的统一性，保障了海绵城市建设成效。同时，为提高建模效率，以附录形式给出了试点区的特征条件，包括降雨、蒸发、下渗、下垫面不透水率、旱季及雨季污染负荷、地表水质等，并对模型中的一些关键参数给出了建议值。

5.5　严格规范的资金监管运作模式

海绵城市建设资金数额庞大，为加强资金监管，规范资本运作，试点区制定了资金使用的管理办法，明确了适用范围和使用流程，制定了清晰的 PPP 项目绩效考核和按效付费方式，并研究出台财政资金支持海绵城市建设的相关鼓励政策。

5.5.1　完善监管体系

通州区政府发布《通州区海绵城市建设试点补助资金使用管理办法》，明确了中央资金的使用范围，规范了中央资金的使用流程。强调资金专款专用，确保资金安全。

为保证资金使用规范，聘请审计公司，负责对项目审批、招标、合同签订、结算、决算进行审计，全过程动态跟踪海绵城市专项资金使用管理。

5.5.2　规范运作模式

通州区海绵城市 PPP 工程采用 DBFOT 模式，即 PPP 项目公司负责设计、建设、投资、运营维护和移交。项目回报机制为政府付费，政府付费由可用性服务费和绩效付费（运营服务费＋可用服务费参与绩效考核部分）两部分组成。服务期满，项目公司将项目设施完好、无偿地移交给政府。

海绵城市 PPP 项目涉及五个排水分区，边界清晰；采用竞争性磋商方式，面向全国采购社会资本；PPP 项目实施方案和项目合同明确了政府方和社会资本方的职责，确定了 25 年合作周期（含建设期），制定了清晰的绩效考核和按效付费方式。

为规范 PPP 项目实施，通州区水务局聘请了第三方项目管理公司和绩效考核公司，印发了《通州·北京城市副中心水环境治理 PPP 建设项目建设资金拨付办法》，实行重大项目专题会讨论，并通过第三方技术服务团队的考核结果，实施按效付费。

充分发挥首都水环境治理产业联盟作用，鼓励企业采取 PPP、BOT 等市场化投融资模式，积极参与海绵城市建设所涉及的污水治理、防洪排涝、水生态环境等工程的建设。探索政府与社会资本合作，科学合理设定基础设施的权责利边界，积极进行投融资机制创新。

5.5.3 制定补贴制度

研究出台财政资金支持海绵城市建设的相关鼓励政策，制定完善健全的财政补贴制度，明确政府支出标准。设立海绵城市建设项目市本级专项补贴、专项建设资金、奖励资金，通过考核项目的雨水径流控制和雨水再生利用等指标来实施政府财政补贴，以财政资金激励带动社会投资。

5.6　产学研用一体的创新发展机制

5.6.1　依托国家重大科研课题，形成海绵城市建设整装成套技术

2017 年，国家启动了"十三五"水专项"北京城市副中心高品质水生态建设综合示范"项目（2017ZX07103，如图 5-11 所示），标志着北京与天津一样，

图 5-11　"十三五"水专项"北京城市副中心高品质水生态建设综合示范"项目

成为全国第二批海绵城市试点城市中拥有国家重大科研专项作为试点建设支撑的城市，项目课题设置如图 5-12 所示。项目以北京城市副中心水生态文明构建、水资源优化配置、水环境质量提升为目标，研究"上游净化、控源减污；超净排放、生态提升；技术集成、风险管控"相关技术，最终形成 6 套整装成套技术，具体如下：

图 5-12 彩图

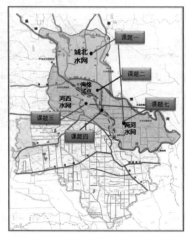

图 5-12 "十三五"水专项"北京城市副中心高品质水生态建设综合示范"项目课题设置

（1）基于水质水量智慧管理、实现水城共融格局的城市水网构建与运营技术体系。

（2）基于入河污染负荷过程控制与生态构建、实现城市河道水质明显改善和持续提升的水质保障技术体系。

（3）基于精细化监测、多层级调控、智能化管控的海绵城市建设及管理整装成套技术。

（4）集成高效节地工艺、集约构建与优化技术和生态综合体的高品质地下污水处理厂整装成套技术。

（5）基于靶向污染物调控和应急除藻的双高水景观构建与维系整装成套技术。

（6）集成"控源截污、水质提升、生态修复"的水环境综合治理与水生态提升的整装成套技术。

这些技术为北京海绵城市国家试点区水环境、水生态、水安全建设提供了样板和支撑。

"北京城市副中心高品质水生态建设综合示范"项目下设"北京市海绵城市建设关键技术与管理机制研究和示范"（2017ZX07103-002）课题，选择北京海绵城市国家试点区为示范工程区域，从技术研发和管理机制两个方面完善北京海绵城市建设技术体系，支撑全市范围的海绵城市建设推广应用。2017年以来，该课题与北京的海绵城市试点建设同步推进，实现了"边研发、边应用、重评估、广示范"的课题推进要求，提升了北京海绵城市建设的技术水平。

5.6.1.1　量质同控—达标排放的海绵城市建设技术体系

针对城市雨水径流污染的形成、传输和排放过程分别进行单项技术研发：

（1）在城市雨水径流污染形成过程中，以场地开发对水文过程影响最小化为目标，研发基于源头初雨分流、促渗减排和滞蓄调节的雨水径流调控技术，包括屋顶滞蓄排放、结构透水铺装和倒置生物滞留等技术。

（2）在超标降雨径流污染物传输过程中，综合管网及其附属设施调蓄等过程控制手段，研发基于水力旋流控排、截流控污、过滤净化等原理的雨水径流调节与截污净化集成技术，包括多功能雨水口、高镂空渗透管和通用型截污挂篮等技术。

（3）在径流污染外排过程中，利用局地汇水分区出口、地块小区排口、排水分区末端等重要节点，研究以集中入渗、多功能调蓄、生态净化等为目标的技术方案，包括辐射井强化入渗、延时调节塘和调蓄池智能控制等技术。城市排水分区多层级雨水径流污染控制集成技术如图5-13所示。

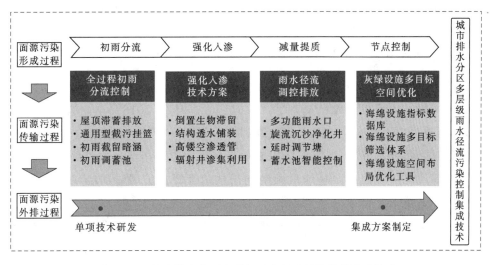

图5-13　城市排水分区多层级雨水径流污染控制集成技术

5.6.1.2　监测—评价—管控一体化的海绵城市长效保障机制

研发适用于排水管网复杂条件的测流井构建技术和管网径流在线监测传感器，编制城市雨水管渠流量监测规程。布设针对设施、小区、排水分区等不同尺度监测对象的城市雨水径流污染监测站网。构建海绵城市综合评价技术体系，具体包括指标体系、测取方法、评价标准、评价方法等内容，并形成北京市地方标准。在科学开展监测评价的基础上，结合北京现行水影响评价制度，落实基于海绵城市建设的面源污染管控要求，编制海绵城市建设运营模式、管理技术指南、运营养护制度、绩效考核与奖惩制度等非工程技术文件，完善海绵城市综合管控机制。城市雨水径流污染过程精细化水量水质监测—评价—管控技术体系如图 5-14 所示。

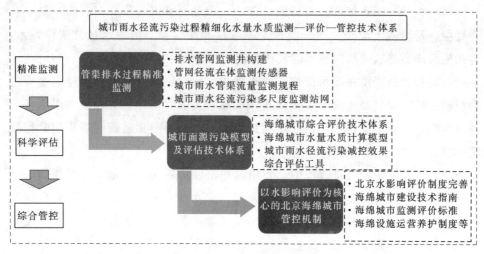

图 5-14　城市雨水径流污染过程精细化水量水质监测—评价—管控技术体系

5.6.2　借助市级重点课题，总结建成区海绵建设模式

北京市科委于 2016 年立项了北京市重点科技攻关项目"北京市建成区海绵城市关键技术研发及示范应用"（D161100005916，2016—2018 年），下设"城市建成区建筑小区及道路雨水控制利用示范"和"城市建成区绿地雨水蓄渗利用技术集成示范"，课题按照集成示范与研发应用相结合的思路，借鉴国内外建筑小区与道路、园林绿地雨洪利用技术及研究进展，围绕城市建筑小区及道路、绿地水资源高效利用技术问题，进行相关技术集成、示范和量化分析。相关成果在北京城市副中心及海绵城市国家试点区建设过程中得到应用和示范。

5.6.3　设立区级科研课题，解决海绵城市建设中的技术困难

通州区科委针对海绵城市建设中的透水铺装、生物滞留设施等典型设施开展专项课题研究，研发了利用风积沙作为原材料，将光催化降解技术应用到砂基透水材料表面的自洁，保证砂基透水材料毛细空隙不易堵，实现透水、过滤、净化多重效能；研发了倒置生物滞留设施，改变传统生物滞留设施结构层的叠放次序，进而提升水质净化效果。

为进一步提高副中心河道水环境质量，通州区水务局于 2018 年启动了"通州区河道沟渠底泥生态清淤研究"项目，探索通州区河道沟渠生态清淤底泥评价方法，并对部分河段进行调查并进行底泥的勘测及相关试验，确定污染底泥清淤控制阈值和底泥处理处置方案。

5.6.4 利用产业带动创新，攻克现实过程的难点问题

国家海绵城市试点建设过程中，为解决工艺、材料难题，北京市相关产业结合本地水文地质、现场条件、社会影响等实际情况，坚持技术创新，研发大批新产品和新工艺，成功带动了通州区再生骨料、北京市海绵产业链创新发展，涌现出多家从事海绵城市建设技术咨询、产品研发与生产的企业。

针对北京市建成区大量使用的透水砖、嵌草砖、透水沥青、透水混凝土等面层透水铺装材料在实际应用中存在的易堵塞、抗压强度不高、冻融性差等突出问题，重点研发通过改变铺装构造层的结构，在构造层中植入地表径流入渗通道，以增强地表径流渗透能力的构造透水铺装技术，并研发基于拼装式、模块化快速施工的透水铺装施工技术。在北京市建成区无论合流制排水区域，还是分流制排水区域，城市雨水排水管道雨水径流污染已成为环境水体污染物的主要来源。目前在管线采取的截污技术主要有筛网拦截、沉淀和旋流沉砂技术，前两种技术由于受场地限制、效率较低等原因应用受到局限，旋流沉砂技术相对应用较多，但目前市面上的旋流沉砂技术大多基于恒定的流量和流速，难以适应雨水径流的冲击水力负荷，导致截污效率较低。针对上述问题和技术难点，重点通过构造和参数优化，研发耐水力负荷冲击能力强，尤其适用于低流量、低流速、低水头损失的高效旋流沉砂技术。针对北京市屋顶绿化渗排水效果不理想的问题，设计生产屋顶绿化渗排水板，具有拼接简单、渗排效果好的特点，成功缩短施工周期，提高渗排水效率。为减少面源污染进入管道，改善雨水口堵塞现状，研究生产截污型塑料雨水口，截污性好，成功减少堵塞。面层透水铺装材料在实际应用中存在易堵塞、抗压强度不高、冻融性差等突出问题，以沙漠中的沙子为原料，通过自主创新，原创性地发明"微米级空隙透水技术"与"生态透气防渗保水技术"，自主产业化创造出生态砂基滤水砖、生态透水石材、生态硅砂滤水井、生态透气防渗砂等核心技术与产品。

在上述产品、技术研发过程中，为顺应国家建设海绵城市的战略，落实国家生态家园、科技创新的具体要求，进一步提升海绵城市产业的发展能力，2016 年 8 月北京市成立了"中关村绿智海绵城市生态家园产业联盟"，18 家企业和 1 家科研单位成为联盟的首批成员。联盟坚持共建、共享、共赢的原则，

以海绵城市建设技术为标准，努力做到更精、更专、更深，探索海绵城市发展新路径，推动海绵城市产业市场的繁荣，为城市的产业转业升级和生态家园建设提供技术支撑。2018 年，为保障北京市海绵城市建设任务，结合当前海绵产业创新力不足、缺乏成套化、系列化核心产品、国际竞争力不足等诸多问题，北京市又组建了"北京海绵城市应用集成产业创新中心"。目前创新中心由 3 家核心层企业、7 家伙伴层研发机构和 12 家战略合作单位组成。创新中心的建设目标为"国际领先的海绵城市技术研究及产业链协同创新中心"，以突破产业关键共性技术为主要任务，建立产学研用协同创新机制，形成以龙头企业引领、中小型企业配套、产业链协同发展的聚集区。产业联盟和创新中心已经成为我市海绵城市产业发展平台，不仅发挥了科技创新功能，也已成为全国海绵城市建设研究和技术创新的引领者。

为集中优势科研力量、产学研一体化提升北京市在海绵城市建设领域的创新水平，整合北京师范大学、北京市水科学技术研究院、北京市城市规划设计研究院、北京市水文总站、中关村海绵城市工程研究院有限公司等多所科研院所和企业，于 2016 年 12 月组建了"城市水循环与海绵城市技术北京市重点实验室"，目前已成为凝聚科技精英、培养高端人才、产出高水平实用成果的自主创新平台。为深入实际开始实验研究，重点实验室在试点区建设了现场试验基地，并将长期助力北京海绵城市推广建设。

为全方位支撑试点区建设，"十三五"水专项"北京市海绵城市建设关键技术与管理机制研究和示范"课题在通州区海绵办设置现场办公室，并派专人常驻，以第一时间发现示范工程现场问题，及时研究解决方案。

5.6.5 鼓励开放国内外交流，营造海绵城市建设的良好氛围

首先，充分利用北京市国家创新中心及对外合作交往中心的优势，加强与国内其他城市、国外政府及学术机构的互动与交流，以开放共享的心态，对外展示北京海绵城市建设成果。借助中欧水战略平台、北京哥本哈根友好城市等合作项目，与丹麦、荷兰、德国、芬兰、挪威、美国等国家的一批知名机构、专家学者互访交流。此外，注重与国内城市及全市各区的交流。前后吸引了深圳、东莞、太原、莱西、沈阳等城市相关部门前来参观学习；北京市内房山区、海淀区、朝阳区等也前来学习。试点建设模式在交流中不断完善，不断推广。

其次，注重对各部门人员的培训，提高其对海绵城市的理解。通州区海绵办多次组织国内外海绵城市专家对各委办局、设计单位、建设单位等进行相关培训，并对施工现场进行技术指导（图 5-15、图 5-16）。

图 5-15　Robert Pitt 教授、郭纯圆教授海绵城市专题培训

图 5-16　专题培训会议

最后，注重宣传。在宣传方面打造了政府、企业、自媒体三位一体的宣传模式，营造副中心海绵城市建设的良好氛围。政府部门以海绵办为主体，由宣传部作为具体实施主体，加大试点区海绵工作宣传力度，确保每周有新闻；企业以 PPP 公司为主体，借助开展的海绵城市工作进行宣传；由海绵办邀请自媒

体来试点区参观，不定期通过微博、微信进行宣传（图 5-17、图 5-18）。

图 5-17　通州时讯对试点区海绵
城市建设专题报道

图 5-18　北京日报关于试点
海绵城市建设报道

第6章

持续推动，坚定不移一张蓝图干到底

试点期虽已结束，但副中心海绵城市建设的脚步没有停止，海绵城市建设的热情没有消退。作为六个城市建设目标之一，海绵城市已经成为副中心的名片。与此同时，副中心区域内仍然存在着诸如合流制溢流、内涝积水点等问题亟待解决，落实海绵城市理念已成为副中心城市建设的内在驱动力。

6.1 制定近期建设目标，明确思路

1. 建设目标

为进一步推动副中心控规落地，在《北京市城市副中心控制性详细规划实施工作方案（2019—2022年）》"第45条 海绵城市建设"中明确提出要求通过"渗、蓄、滞、净、用、排"等综合方式推进海绵城市建设，到2022年35%以上城市建成区面积实现年径流总量控制率不低于80%，年径流污染物控制率不低于60%。

因此，副中心是北京市第一个给出2022年具体建设目标的区域。考虑到2025乃至2030年的目标，可以将副中心建设目标划分为近期2022年，中期2025年、远期2030年三个阶段（图6-1）。

2. 建设思路

针对三个阶段的建设目标，近期应以新建区建设为主，兼顾老城区改造；中期及远期新建区建设和老城区改造并举。新建区以目标为导向，严格管控，确保实现海绵规划指标；老城区以问题为导向，不以地块乃至排水分区海绵指标达标为约束条件，站在副中心整体的角度，统筹各项工作，确保在老城区双修、积水点改造、合流制溢污染治理等具体工作中落实海绵理念。

按照以上建设思路，为实现近期目标，参照试点区建设经验，通州区海

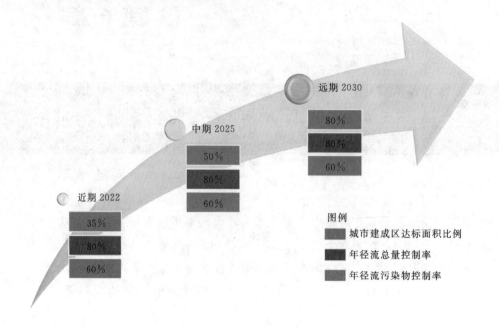

近期 2022

35%

80%

60%

中期 2025

50%

80%

60%

远期 2030

80%

80%

60%

图例

城市建成区达标面积比例

年径流总量控制率

年径流污染物控制率

图 6-1　海绵建设目标

绵办已经组织有关单位编制了《北京城市副中心海绵城市建设方案》（2019—2022 年），即将以通州区政府办名义印发，作为近期海绵城市建设的指导性文件。

6.2　梳理近期重点片区，分解任务

通过对副中心各个片区的本底进行梳理，基于海绵城市建设条件和工程建设计划等情况，选择海绵城市试点区、运河商务区、文化旅游区和城市绿心作为近期海绵城市建设的重点片区。其中，试点区存有少量试点期间尚未完工的工程项目，涉及区域排涝及合流制溢流污染控制，需要继续推进，以提升及巩固试点建设成效；运河商务区、文化旅游区是新建片区，均是副中心的重点区域，近期工程建设项目多且工期固定，进度有保障；城市绿心是副中心重要的生态涵养区，落实海绵城市理念是必然要求，且已经编制区域的海绵城市专项规划，落实规划管控有上位依据。

综合上述分析，最终确定近期重点建设片区（图 6-2），并通过系统梳理，针对副中心面临的防洪、排涝、水环境治理、水生态保护及水资源利用等问题，制定了包含建筑小区、道路、公园绿地、再生水管线建设、平台建设等近 150 项工程项目计划，并按照责任主体分解落实。

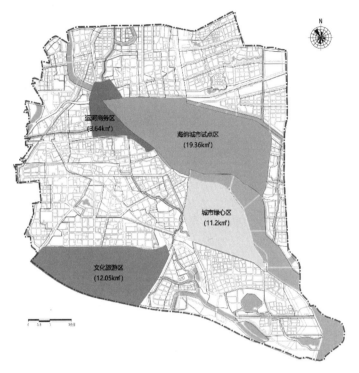

图 6-2 彩图

图 6-2 近期建设重点片区 [来源：《北京城市副中心海绵城市建设方案》(2019—2022)]

6.3 憧憬未来美好远景，笃定前行

副中心国家海绵城市试点建设，具备先天优势和内在需求。全域推进海绵城市建设，不仅有助于解决目前面临的涉水问题，也有助于避免城市建设给生态环境带来的不利影响，提高城市韧性水平。

在此过程中，既要借鉴试点建设经验，又要传承试点建设中的探索精神，不断创新建设模式。例如针对副中心已建区的海绵达标问题，探索以合流制溢流污染治理与内涝防治相结合的老城区海绵达标新模式，完善管控手段，包括尽快修订管控办法，尽快修订试点期间发布的《通州区海绵城市建设试点建设管理暂行办法》，将管控区域范围拓展至副中心全域，同时进一步强化与现有审查机制的融合，在不影响审查实现的前提下，落实管控要求，确保长效管控效果。唯有此才能实现副中心海绵城市建设目标。

雄关漫道，副中心海绵城市建设工作将秉承为民初心，以切实提高百姓幸福感，提高副中心城市宜居性和韧性为目标，科学谋划、因地制宜、凝心聚力、持续推动。